高等职业教育能源动力与材料大类系列教材

特高压输电技术

TEGAOYA SHUDIAN JISHU

● 主　编　汤　文
● 副主编　刘兰兰　雷冬云
● 参　编　李　稳　罗　昊　贺少林　曹明宇
毛　盾　高举明　李　辉　刘　杰
毛　晓　邓志勇　肖玉文　曾玉杰
唐　倩　童　年　陈子威　李连伟

重庆大学出版社

图书在版编目(CIP)数据

特高压输电技术 / 汤文主编. -- 重庆 : 重庆大学出版社, 2022.3

高等职业教育能源动力与材料大类系列教材

ISBN 978-7-5689-3150-2

Ⅰ.①特… Ⅱ.①汤… Ⅲ.①特高压输电—输电技术—高等职业教育—教材 Ⅳ.①TM723

中国版本图书馆 CIP 数据核字(2022)第 035426 号

特高压输电技术

主　编　汤　文

副主编　刘兰兰　雷冬云

参　编　李　稳　罗　昊　贺少林　曹明宇　毛　盾
高举明　李　辉　刘　杰　毛　晓　邓志勇
肖玉文　曾玉杰　唐　倩　童　年　陈子威　李直伟

策划编辑:鲁　黎

责任编辑:文　鹏　　版式设计:鲁　黎

责任校对:王　倩　　责任印制:张　策

*

重庆大学出版社出版发行

出版人:饶帮华

社址:重庆市沙坪坝区大学城西路 21 号

邮编:401331

电话:(023) 88617190　88617185(中小学)

传真:(023) 88617186　88617166

网址:http://www.cqup.com.cn

邮箱:fxk@cqup.com.cn (营销中心)

全国新华书店经销

重庆市国丰印务有限责任公司印刷

*

开本:787mm×1092mm　1/16　印张:7.5　字数:176 千

2022 年 3 月第 1 版　　2022 年 3 月第 1 次印刷

ISBN 978-7-5689-3150-2　定价:28.00 元

编写人员名单

主　编　汤　文　国网湖南省电力有限公司技术技能培训中心

副主编　刘兰兰　国网湖南省电力有限公司输电检修分公司

　　　　　雷冬云　国网湖南省电力有限公司长沙供电分公司

参　编　李　稳　国网湖南省电力有限公司输电检修分公司

　　　　　罗　昊　国网湖南省电力有限公司输电检修分公司

　　　　　贺少林　国网湖南省电力有限公司长沙供电分公司

　　　　　曹明宇　国网湖南省电力有限公司输电检修分公司

　　　　　毛　盾　国网湖南省电力有限公司输电检修分公司

　　　　　高举明　国网湖南省电力有限公司技术技能培训中心

　　　　　李　辉　国网湖南省电力有限公司输电检修分公司

　　　　　刘　杰　国网湖南省电力有限公司株洲供电分公司

　　　　　毛　晓　国网湖南省电力有限公司技术技能培训中心

　　　　　邓志勇　国网湖南省电力有限公司输电检修分公司

　　　　　肖玉文　国网湖南省电力有限公司技术技能培训中心

　　　　　曾玉杰　国网湖南省电力有限公司技术技能培训中心

　　　　　唐　倩　国网湖南省电力有限公司长沙供电分公司

　　　　　童　年　国网湖南省电力有限公司岳阳供电分公司

　　　　　陈子威　国网湖南省电力有限公司输电检修分公司

　　　　　李直伟　国网湖南省电力有限公司长沙供电分公司

前言

随着中国经济高速发展，能源需求日益增长。但我国地域辽阔，能源储备和电力负荷分布极不均衡，西部地区能源富集，从能源多的地方向负荷集中的地方输送能源是合理的方式。要想大规模长距离输电，必须运用特高压技术，建设特高压电网是电力工业落实科学发展观的重大举措，是国家进行能源宏观调控的重要手段，是实现能源资源优化配置的有效途径；发展特高压电网可以推动我国电力技术创新和电工制造业的技术升级，无论对中国还是对世界来说，都是一项伟大创举和重要贡献。

我国特高压输电技术处于世界领先地位，当前，特高压正步入加速发展的快车道。从事特高压输电线路作业的人员必须具备过硬的专业技能和综合素质，而加强特高压输电作业人员教育和培训工作，持续提升特高压输电线路作业队伍的能力和水平，是推动特高压输电又好又快发展的必由之路。

本书共6章。主要内容包括：特高压输电技术的概述，特高压交直流输电基础知识，特高压交流输电设备，特高压直流输电设备，特高压典型工程介绍，特高压输电线路典型故障分析。本书可以作为对特高压技术感兴趣读者的普及读物，也可以作为电力职业院校的培训教材。

本书由汤文任主编，刘兰兰、雷冬云任副主编，李稳、罗昊、贺少林、曹明宇、毛盾、高举明、李辉、刘杰、毛晓、邓志勇、肖玉文、曾玉杰、唐倩、陈子威、童年、李连伟参编。其中，汤文和刘兰兰负责编写第1章；罗昊、李辉、肖玉文和毛盾负责编写第2章；贺少林、李连伟、童年和刘杰负责编写第3章；雷冬云、唐倩和毛晓负责编写第4章；李稳、邓志勇和高举明负责编写第5章；曹明宇、陈子威和曾玉杰负责编写第6章。由于时间仓促和编写工作量大，书中不足之处在所难免，尚望不吝指正。

编　者

2021年6月

目录

第 1 章　特高压输电技术的概述 …… 1
1.1　特高压输电发展概况 …… 1
1.2　我国发展特高压输电的必要性 …… 5
1.3　我国特高压发展规划 …… 8
1.4　特高压交直流输电的优缺点对比 …… 11

第 2 章　特高压交直流输电基础知识 …… 15
2.1　特高压交流输电系统的结构 …… 15
2.2　特高压交流输电线路 …… 18
2.3　特高压直流输电系统的结构 …… 29
2.4　特高压直流输电系统的应用 …… 36
2.5　特高压直流输电线路 …… 39

第 3 章　特高压交流输电设备 …… 48
3.1　特高压变压器 …… 48
3.2　特高压并联电抗器 …… 51
3.3　特高压电容式电压互感器 …… 54
3.4　特高压电流互感器 …… 57
3.5　交流特高压避雷器 …… 60
3.6　高压套管 …… 64

第 4 章　特高压直流输电设备 …… 67
4.1　特高压直流换流变压器 …… 67
4.2　特高压直流换流阀 …… 69
4.3　特高压直流平波电抗器 …… 72
4.4　特高压直流避雷器 …… 75
4.5　特高压直流套管 …… 78
4.6　交、直流滤波器 …… 79
4.7　特高压直流换流站开关 …… 81

第 5 章　特高压典型工程介绍 ······ 85
5.1　典型特高压直流输电工程介绍 ······ 85
5.2　典型特高压交流输电工程介绍 ······ 89

第 6 章　特高压输电线路典型故障分析 ······ 93
6.1　特高压直流典型故障案例分析 ······ 93
6.2　特高压交流典型故障案例分析 ······ 101

参考文献 ······ 109

第 1 章　特高压输电技术的概述

1.1　特高压输电发展概况

1.1.1　电网电压等级的划分

电力工业按生产和消费的不同过程可分为发电、变电、输电、配电和用电五个环节。输电通常是指将发电厂或发电基地(若干发电厂的集合)发出的电力输送到消费电能的区域(负荷中心),或者将一个电网的电能输送到另一个电网,实现电网互联。

随着我国电网用电负荷的日益快速增长,远距离、大容量输电需求急剧增加,提高输电电压是提高输送容量、同时降低线损的有效方法。输电技术的发展史,可以说就是不断提高输电电压等级,从而使输送功率不断加大、输送距离不断加长的发展过程。

电网输电电压等级的划分,不同国家和地区有多种不同的规定方法。对交流输电而言,基于实际科研和应用的需要,通常采用如下电压等级划分方法,包括:10 kV、20 kV 和 35 kV 的电压等级,称为配电电压或中压(其中还包括 66 kV 电压等级,但其仅在少数国家和地区应用);110 ~ 220 kV 的电压等级称为高压;220 kV 以上、1 000 kV 以下称为超高压,主要包括 330 kV、500 kV 和 750 kV;1 000 kV 及以上的则称为特高压。

直流输电电压等级划分情况与交流输电有所不同:按美国国家标准,±100 kV 至 ±500 kV 称为高压,±500 kV 和 ±600 kV 称为超高压,而 ±600 kV 以上的电压等级则称为特高压;苏联研究认为 ±750 kV 及以上电压等级称为特高压;而我国一般将 ±800 kV 及以上电压等级称为特高压。表 1-1 为部分国家特高压的电压选择和设计输送功率情况。

新的输电电压等级的确定需考虑各方面因素:首先是长距离、大容量输电的需求,其次是输电技术水平、经济效益和环境影响等方面的考虑。发展一个新的电压等级需要完成电压值选择、确定绝缘水平、设备研制和试验线路建设等多项工作,使其能与原有电压等级相匹配,并适应未来 20 年或更长时间内的电力发展需求。由于各个国家经济状况、资源禀赋和地理条件不同,所采用的电压等级序列也不同,因此形成了不同的交、直流输电电压等级序列。部分国家或地区所采用的交流输电电压等级序列如表 1-2 所示。

表 1-1　部分国家特高压电压等级

国　家		电压/ kV		输送功率/MW	输电距离/km
		标　称	最　高		
美国	BPA	1 100	1 200	6 000 ~ 8 000	300 ~ 400
	AEP	700	800	>5 000	400 ~ 500
日本		1 000	1 100	5 000 ~ 13 000	约 200
意大利		1 000	1 050	5 000 ~ 6 000	300 ~ 400
俄罗斯		170	1 200	5 000	2 500
中国		1 000	1 100	4 000 ~ 6 000	—

表 1-2　部分国家或地区交流输电电压等级序列

国家或地区	电压序列
美国	765/345/138 kV、500/220/17 kV
俄罗斯	750/330/110(70) kV、500/220/110 kV
英国、法国、德国、瑞典	400(380)/220/110(70) kV
中国大部分地区	1 000/500/220/110 kV
中国西北地区	750/330/220/110 kV

1.1.2　国外特高压输电发展概况

随着系统用电负荷的快速增长，远距离、大容量输电需求显著增加，与此同时，发电技术和输电技术的发展也日新月异。从 20 世纪 60 年代开始，发达国家的大型和特大型发电机组不断投运，大容量火电厂、水电厂和核电厂不断开始建设和运行。以美国为例，它在 1950—1970 年共建成容量超过 2 000 MW 的发电厂近 60 座；仅 255 台额定容量为 600 MW 及更大的汽轮发电机组就占矿物燃料和核燃料发电总容量的 47%；在 1954—1969 年，属于公用事业投资的火力发电厂容量从 67 957 MW 增长到 209 950 MW，而发电厂的数目却从 703 个减少至 656 个。

大容量发电厂的建设催生了对大容量输电的需求。从 20 世纪 50 年代开始，发达国家的输电电网在以高压电网为主的基础上，逐渐形成了 330 kV、345 kV 以及 500 kV 等超高压电压等级的输电网。美国、苏联和加拿大等国逐步建成了 750 kV、765 kV 等电压等级的超高压输电网。与此同时，高压、超高压输电线路和变电站的数目越来越多，环境问题也变得日益突出，特别是输变电用地的约束逐渐开始限制超高压输电的发展。大容量输电可减少线路损耗、避免输电设备的重复建设和减少输电线路土地占用等优势，便于实现规模经济。而特高压输电则被认为是提高线路输电能力的主要途径。

美国、日本、意大利和加拿大等国的电力公司，从 20 世纪 60 年代末 70 年代初，开始根据其国家电力发展需要进行特高压可行性研究，在广泛、深入的调查和研究的基础上，先后提出了特高压输电的发展规划和初期特高压输变电工程的预期目标和进度。本节将简要介绍上述国家的特高压发展历程及其主要研究项目。

1）美国

美国邦纳维尔电力公司（Bolineville Power Administration, BPA）于 1970 年制定规划，拟采用 1 100 kV 远距离输电线路，将东部煤电基地的电力输送到西部负荷中心，输送容量为 8 000 ~ 10 000 MW。经过论证，采用特高压输电可减少线路走廊用地，降低电网工程的造价，并解决大型、特大型机组和发电厂故障引起的系统稳定性问题。

美国电力公司（American Electric Power Co. Inc., AEP）为减少输电线路走廊用地和应对环境问题，同时提升已有的 765 kV 输电能力，曾规划在 765 kV 电网之上叠加 1 500 kV 特高压骨干电网。

在美国已建成的特高压试验场中：雷诺特高压试验场（线路长 510 m），研究始于 1974 年；莱昂斯特高压试验线路（2.1 km）和莫洛机械试验线路（1.8 km），试验研究始于 1976 年。雷诺试验基地先后建成了多条试验段线路，其中包括 ±600 kV 直流双极试验线段，分别进行了交流环境试验、直流环境试验、交直流同走廊试验、特殊排列导线下的磁场试验等。

然而，美国并没有将特高压输电的研究成果付诸工程实践，主要原因在于此后一段时间的电力需求增长趋缓，并实施了新的能源发展战略，即在负荷中心建立发电厂，通过发展分布式发电，从而降低了远距离、大容量输电的需求。

2）日本

日本在特高压输电技术的研究与运用也走在世界前列，是世界上第二个在特高压交流输电领域进行过工程实践的国家。为解决东京地区线路走廊用地和短路电流超限等问题，日本开始建设特高压交流输电线路。为了获得稳定的电源，东京电力公司（Tokyo Electric Power, TEPCO）计划在沿海建设一系列核电站，总容量 1 700 多万 kW，由于距离东京不远，经过认证采用 1 000 kV 特高压交流输电方案。

1980 年，日本中央电力研究所在赤诚建立了长 600 m、双回路、两档距的 1 000 kV 试验线段。在该试验线段上，分别进行了 8 分裂、10 分裂、12 分裂导线和杆塔在强风中及地震条件下的特性试验；进行了特高压施工和维修中无线电干扰、电视干扰、可听噪声以及电磁场的生态影响等方面的研究。东京电力公司在高山石试验线段上，对分裂导线和绝缘子串的机械性能，如舞动和覆冰等性能进行了研究和技术开发。东京电力公司采用 NAGAKI（NGK）公司的电晕试验设备和 1 000 kV 污秽试验设备进行了污秽条件下绝缘子串的无线电干扰和可听噪声试验。另外，还进行了工频过电压、雷电、线路操作和相对相空气间隙试验，以及在污秽条件下的原型套管和绝缘子串闪络特性试验。

1993 年,TEPCO 建成了柏崎刈羽—西群马—东山梨的特高压南北输电线路,长度约 190 km;1999 年建成南磐城—东群马特高压东西输电线路,长度约 240 km。这些特高压输电线路均采用同塔双回架设。

同样,由于日本电力需求增长减缓,特高压交流输电线路建成后,核电建设计划推迟,该线路一直以 500 kV 降压运行。

3) 意大利

20 世纪 70 年代中期,为将南部规划的核电送往北部负荷中心,同时节省输电走廊用地,意大利国家电力公司(ENEL)开始进行特高压输电工程的试验研究。此前,意大利和法国还曾受西欧国际发电联合会的委托进行欧洲大陆选用交流 800 kV 和 1 000 kV 输电方案的论证工作。

在选定 1 000 kV 输电方案后,意大利电力公司在不同的试验站和试验室进行了各类相关研究:对操作和雷电冲击进行了试验,包括空气间隙的操作冲击特性、特高压系统的污秽大气下表面绝缘特性、SF_6 气体绝缘特性非常规绝缘子的开发试验;在萨瓦雷托(Sava Reto)试验线段上进行了可听噪声、无线电杂音、电晕损失的测量;在电晕试验笼内,对多达 14 根子导线的对称型分裂结构,6、8 和 10 根子导线的非对称型分裂结构以及 0.2 m、0.4 m、0.6 m 直径管形导线进行了试验;还对特高压绝缘子和金具的干扰水平以及线路的振动阻尼器、间隔器、悬挂金具和连接件的机械结构方面开展了试验研究;另外,在萨瓦雷托的特高压试验线段下和电晕笼中进行了电磁场生态效应的研究。

4) 加拿大

在 1974 年,加拿大全国装机容量为 5 600 万 W,其中水电占 62%,火电占 32%,核能发电占比 6%;发电量为 2 790 亿 kWh,其中水电占 75.4%,长期以来以开发水电为主。由于加拿大的大型水电站主要在北方,而负荷中心全在南方,这就促使加拿大建设超高压大容量长距离的输电线路。加拿大是北美第一个使用 500 kV 和世界上第一个使用 735 kV 输电的国家。

加拿大魁北克水电局建造了户外试验场并进行了线路导线电晕的研究。试验场内的试验线路和电晕笼均用于高至 700 kV 的交流系统和 900 kV 的直流系统分裂导线电晕试验。魁北克水电局还曾对 ±600 kV ~ ±1200 kV 直流输电线路的电晕、电场和离子流特性进行研究。

1.1.3 国内特高压输电发展概况

我国从 20 世纪 80 年代开始立项研究特高压输电技术。前期研究包括国内外特高压输电的资料收集与分析,内容涉及特高压电压等级的论证、特高压输电系统、外绝缘特性、电磁环境、特高压输变电设备及特高压输电工程概况等。“八五”期间又开展了“特高压外绝缘特性初步研究”,对长间隙放电的饱和性能进行了分析和探讨,对实际结构布置下导线与塔体的间隙放电进行了试验研究。1994 年,武汉高压研究所建成了我国第一条百万伏级特高压输电研究线段,杆塔为真型模拟拉 V 塔。三相导线水平排列,导线采用 8 分裂,分裂直径为 1.04 m。为满足特高压试验的需要,1997 年开展了利用工频试验装置产生长波头操作波的研究,通过改造工频试验装置,可产生电压为 2 250 kV,波头时间为 2 800 ~ 5 000 μs 的长波头操作波。与此同时,我国开展了关于特高压线路对环境影响的研究。研究结果表明,当采用 8 分裂导线,分裂直径为 1 m 时,特高压线路的地面静电感应水平与 500 kV 输电线路水平基本相当,无线电干扰水平小于 500 kV 输电线路,可听噪声在公众所接受的范围内。此外,还对涉及特高压输电线继电保护配置方案、特高压线路继电保护特殊问题、特高压输变电设备应用、延至 1 000 kV 特高压变压器、特高压系统的可控电抗器原理与结构、1 100 kV 特高压开关设备技术、百万伏级特高压避雷器、特高压电磁产品、绝缘子、绝缘技术、绝缘子串电压分布测试、冲击电压放电特性、1 000 kV 特高压试验线段金具的研制、工频电场、放电特性、导线基杆塔、雷击跳闸等多方面问题进行了研究与分析。

从 2004 年底开始,我国集中开展大规模研究论证、技术攻关和工程实践。2005 年 9 月 26 日,第一条 750 kV 输电试验线路(官亭—兰州东)示范工程投运。2006 年 12 月,云南广东 ±800 kV 特高压直流输电示范工程开工建设,并于 2010 年 6 月 18 日通过验收正式投入运行,该工程输电距离 1 373 km,额定电压 ±800 kV,额定容量 500 万 kW。2007 年 6 月,中国第一条 1 000 kV 交流输电线路,即晋东南—南阳—荆门 1 000 kV 特高压交流试验示范工程开工建设。2009 年 1 月 6 日,该工程经过系统调试后投入运行。

经过各方面共同努力,我国特高压输电技术发展不断取得突破,先后建成、投运了特高压交流试验示范工程、特高压直流示范工程并持续安全稳定运行,标志着我国特高压技术已经成熟,自此中国先后规划、建设了多条国特高压线路。至 2017 年 11 月,中国已建成、投运十一条直流特高压线路、八条交流特高压线路,形成总长超过 2 万 km 的输电骨干网架。截至 2019 年底,我国在运特高压累计线路长度达 4.8 万 km,累计输送电量 16 000 亿 kWh。

1.2　我国发展特高压输电的必要性

1.2.1　能源安全与电网发展的客观需求

1) 电力需求的快速增长

我国是世界上最大的能源消费国,但能源资源相对匮乏,石油、天然气对外依存度分别达到 60% 和 30% 左右。面向未来,我国能源需求将保持刚性增长。根据相关机构预测,到 2030 年和 2050 年,我国全社会用电量将分别达到 115 万亿、16.5 万亿 kW · h,比 2010 年分别增长 1.7 倍和 2.9 倍,电力需求和电源建设规模巨大。

2）远距离大容量输电的需求

在我国，能源供应能力的提升受到“两个不均衡”的制约。

一是能源资源分布不均衡，东中部能源资源较为稀少，而西部却很丰富。我国的可开发水电资源居世界首位（约3.95亿kW）。截至2008年底，全国水电总装机容量（1.17亿kW）稳居世界第一，迄今世界最大的在运行水电站（三峡水电站）也在我国。但可开发水电资源约有2/3分布在西南部的四川、云南、西藏三省区，远离负荷中心。我国的煤炭蕴藏量约有2/3分布在西北部的“三西”（山西、陕西、内蒙古西部），也远离负荷中心。表1-3为我国主要电源基地到负荷中心的距离。

表1-3　我国主要电源基地到负荷中心的距离

电源地点	负荷中心	距离/km
西南水电基地	华中、华东负荷中心	700～2 500
西北煤电基地	华中、华东负荷中心	800～1 700
新疆煤电基地	华东负荷中心	>3 000

二是各地区的经济发展不均衡，东中部经济相对发达，对能源的需求量较大，而西部经济总量较小，对能源的需求量也相对较小。我国的用电负荷约有2/3位于东部沿海和京广铁路以东的经济发达地区。上述能源资源和负荷中心之间的距离大多处于800～3 000 m，这一基本国情决定了我国采用特高压输电的必要性，而且电力流向的基本格局必然是大容量、远距离的“西电东送”。

3）电网发展基本规律的客观要求

电力系统从小规模到大规模、从低电压到高电压、从孤立系统到互联系统的发展历程体现了电力工业发展的基本规律。采用高电压等级、发展大规模电网，是当今世界电力发展的总趋势。建设以特高压电网为骨干、各级电网协调发展的国家级电网，符合我国能源资源与经济发展逆向分布的基本国情，符合国家节能减排的总体部署，可以改变我国电网发展滞后的局面，是实现电网与电源协调发展的有效途径，是建设资源节约型、环境友好型社会的迫切需求。

4）保证能源输送安全可靠的要求

尽管在通常情况下煤炭运输具有相当高的可靠性，但在某些特定条件下，能源输送也会受到外界因素的影响，其中影响最为明显就是冰雪灾害天气。尽管电力输送的安全性也曾受到冰雪灾害影响，但随着输电技术的提高，电网的抗冰雪能力将得到不断增强，特高压输电线路更是在设计之初就将融冰问题作为关键技术问题予以考虑解决，以确保线路受到灾害的影响尽量小，提高供电安全性和可靠性。因此，将一次能源在其富集地区就地转化为电能，并通过特高压线路高效地输送到负荷密集地区，实现输电与输煤并举，相互协调与互补，从而提高能源供应的可靠性，已成为我国迫切需要解决的重要问题。

1.2.2 促进全国统一电力市场建设的需求

受技术、经济以及政策因素的限制，目前我国电力平衡以"分区、分省平衡，区域间余缺互济"为特点，统一市场配置资源模式尚未形成。建设全国统一电力市场就是通过统一电力市场的核心交易机制，规范各地区电力市场秩序，打破电力发展和交易的地域界限，降低市场交易成本，扩大西部能源基地向东部经济发达地区的电力输送，在实现能源资源大范围优化配置的同时，将西部地区的资源优势转化为经济优势，为我国经济社会协调可持续发展提供强有力的支撑。

电网是电力市场的基础和载体。平台越大，容纳的市场主体就越多，竞争就越充分，资源配置效率也越高。电网是电力市场的决定性因素，大市场需要网架坚强的大电网来支撑。特高压电网将使我国各区域之间的联系变得紧密，不仅从空间上扩大了电力交易的范围，使得更多的发电企业和购电企业能参与市场交易，而且由于特高压电网传输容量大、网络支撑能力强，能够有效减少跨区跨省线路输电阻塞的发生，降低市场风险。特高压电网的建设，将实现跨区域间电力互济和互为备用，一方面有助于拉平系统总体的负荷曲线，降低峰谷差，提高发电机组的利用效率；另一方面还可降低系统总体的备用容量需求。另外，特高压电网有利于充分发挥市场手段促进节能减排。特高压电网的建成和发展将为我国大型水电、火电、核电以及新能源发电基地参与市场提供"高速公路"。这些高效、环保、节能的大容量机组（群）通过市场竞争，将替代负荷中心低效高污染的小机组，通过市场机制促进节能减排，同时还将减轻东部负荷地区的环境压力，合理利用能源资源。

1.2.3 提升科技创新能力的需求

特高压输电技术的发展有利于增强电力企业自主创新能力，推动电力工业创新体系的建设。我国依托特高压输电这一重大项目，通过组织技术攻关，实施试验示范工程，对部分关键技术采用技术引进、消化完善，实现电网技术升级，提升科技自主创新能力。

特高压输电工程的建设为我国电力装备制造业带来了新的发展空间。特高压输电技术是国际输电技术的前沿领域。我国发展特高压输电所带来的巨大市场空间，给电工装备制造企业研制特高压设备提供了市场需求原动力。通过特高压项目的研发和设备制造，我国重大装备制造能力和技术水平大幅提升，将有利于500 kV和750 kV设备制造，稳固我国自主研发制造的主导地位，加快我国从输变电大国逐步转变为输变电强国的进程。更重要的是，依托特高压工程推进装备自主化，对我国制造业水平全面提升起到了促进作用，也充分体现了一个国家装备制造业的技术水平和实力，更体现了国家的国际竞争力。

1.2.4 节约输电走廊

输电走廊是制约我国发展远距离输电的瓶颈。一些大型水电站，坝区空间十分有限，如果沿用500 kV电压送出，安排出线走廊将相当困难。特高压输电在节约输电走廊方面具有一定的优势。

目前国内输电走廊宽度主要由走廊边沿电场强度控制，如线路走廊边沿电场强度按4 kV/m控制，500 kV单回路走廊宽度约45 m，1 000 kV单回路走廊宽度约98 m；如按3 kV/m控制，500 kV单回路走廊宽度约50 m，1 000 kV单回路走廊宽度约为106 m。也就是说，单回路特高压线路的走廊宽度约为500 kV的2倍，但其输送功率是500 kV线路的4~5倍，因此特高压线路输送单位自然功率所需的走廊宽度仅为500 kV线路的一半左右。

1.3 我国特高压发展规划

我国特高压的发展先后被纳入国家"十一五"和"十二五"规划纲要、能源发展"十二五"规划、大气污染防治行动计划等。2010年，国家能源局开始部署电力流规划方案，并要求国家电网公司、南方电网公司和内蒙古电力公司以此电力流规划方案为基础，开展电网规划主网架方案的研究工作。

1.3.1 国家电网公司特高压发展规划

近年来，国家电网公司对我国特高压电网发展思路和目标网架进行了充分论证，提出以"三华"特高压同步电网为核心，与东北、西北、南方电网互联的电网发展线路图。主要包括以下几个方面：①围绕华北、华东、华中三个重要的负荷中心，建设坚强的特高压同步电网，提高受端电网电能承接和消纳能力；②构建坚强的东北1 000 kV主网架和西北750 kV主网架，为电力外送和消纳提供坚强的电网支撑；③通过交、直流特高压线路实现各大区电网互联，并连接各大煤电基地、大水电基地、大核电基地、大可再生能源基地，实现能源资源大范围优化配置。

根据国家电网公司的规划，2020年，我国特高压电网建成特高压交流变电站60座，变电容量5.8亿kV·A，总线路5万km，晋、陕、蒙、宁煤电和西南水电通过8个1 000 kV同塔双回交流通道外送；建成直流输电工程42个，换流容量3亿kV·A，总线路4.7万km，其中包括±1 000 kV直流输电工程5个、±800 kV直流输电工程17个、±660 kV直流输电工程8个、±500 kV直流输电工程8个、直流背靠背工程4个。全国特高压电网的输送能力超过3

亿 kW。

特高压输电已被纳入“十二五”国家自主创新能力建设规划。根据规划，我国将在2020年初步建成“三纵三横”的特高压电网主干网络，国家将在政策上直接给予支持。规划指出，要推进能源产业和综合交通运输创新能力，电力建设重点包括特高压输电、高效清洁燃煤电站、核电站。

为应对大气污染，2013 年 9 月国务院发布实施了“大气污染防治行动计划”，而特高压输电则被视为治理雾霾等大气污染的重要手段之一。为落实该计划，2014 年国家能源局提出建设 12 条重点输电通道，其中包括国家电网公司的 4 条特高压交流工程和 4 条特高压直流工程。

1）“三华”主网架

围绕“三华”负荷中心，构建以特高压电网为骨干、特高压与 500 kV 电网协调发展的受端电网，提高电网承载能力和消纳能力，满足北部煤电、西南水电和可再生能源基地大规模接入要求，保证电网安全、经济、高效运行。

加速建设淮南—上海、锡盟—上海、陕北—长沙特高压工程（即将“晋东南—南阳—荆门特高压交流示范线路”进行南北延伸，北延到陕西，南延到长沙）；全力推进“两纵两横”特高压工程建设，具体包括：“东纵”——从内蒙古到南京，“西纵”——从陕西到湖南，“南横”——从四川雅安到上海，“北横”——从蒙西到山东潍坊。加快 500 kV 电网建设，配合特高压工程，进一步优化 500 kV 电网结构。

“十二五”期间，“三华”特高压同步电网形成“四纵六横”主网架。四纵：陕北—长沙、北京西—赣州、锡盟—南京北、潍坊—上海西“北电南送”通道。六横：包头—天津南、蒙西—潍坊、陕北—连云港、渭南东—泰州、雅安—上海西、乐山—温州“西电东送”通道。华北、华东、华中受端分别形成北京西—天津南—济南—石家庄—北京西环网、南阳驻马店—武汉—南昌—赣州—长沙—荆门—南阳环网、淮南—南京北—泰州—苏州—上海西—浙北—芜湖—淮南环网。建成呼伦贝尔、四川、彬长送电“三华”电网的 ±660 kV 直流工程，呼伦贝尔、溪洛渡、哈密、锡盟、酒泉、准东、蒙西送电“三华”电网的 ±800 kV 直流工程。

“十三五”期间，“三华”特高压同步电网形成“五纵六横”主网架。五纵：靖边—长寿、陕北—湘南、张北—厦门、锡盟—南京北、天津南—上海西“北电南送”通道。六横：包头—天津南、蒙西—烟台、陕北—连云港、渭南东—泰州、雅安—上海西、乐山—温州“西电东送”通道。建成哈密、西藏、白鹤滩送电“三华”电网的 ±800 kV 直流工程，乌东德、准东、伊犁、西藏送电“三华”电网的 ±1 000 kV 直流工程。

2）东北主网架

加快黑龙江、吉林、辽宁、蒙东负荷中心电网和跨省输电通道建设。加快蒙东电网建设，加强蒙东电网与东北主网的联系，形成统一的东北电网。围绕呼伦贝尔、宝清、霍林河等煤电基地，以及赤峰、通辽、兴安盟等风电基地，建设坚强的东北送端电网，保证电源基地电力安全可靠外送。

“十二五”期间，建成宝清—哈尔滨—吉林—本溪同塔双回特高压交流输电通道，满足宝清煤电基地电力外送要求，省间电力交换能力提高到1 000万kW以上。辽宁负荷中心建成本溪—营口—阜新特高压交流环网。

"十三五"期间，配合霍林河煤电基地电力外送，建成扎鲁特—阜新、扎鲁特—沈北特高压交流输变电工程；配合呼伦贝尔煤电基地外送，建成海拉尔—兴安盟—扎鲁特特高压交流输变电工程；配合宝清煤电基地电力外送，建成宝清—辽宁±660 kV直流工程。

3）西北主网架

加快新疆与西北750 kV联网工程建设。围绕西北煤电基地和风电基地外送，构建坚强的西北750 kV送端电网，保证电力外送特高压直流线路的安全稳定运行。

"十二五"期间，建成新疆与西北主网第二个750 kV联网通道。新疆750 kV主网进一步延伸至喀什地区，提高北疆向南疆送电的能力，基本形成坚强的西北750 kV电网。

"十三五"期间，围绕哈密、准东、伊犁煤电基地外送，进一步加强新疆750 kV主网架，加强主要750 kV断面的联系。关中、兰州、西宁、银川、乌鲁木齐等主要负荷中心均形成750 kV环网。

4）跨区联网工程

"十二五"期间，结合中蒙、中俄、中哈电力合作进展，建成中俄直流背靠背工程，俄罗斯—辽宁±660 kV直流工程，建成蒙古送电"三华"电网的±660 kV、±800 kV、直流工程。

"十三五"期间，建成西北—华北直流背靠背工程，蒙古—"三华"、俄罗斯—辽宁±800 kV直流工程，哈萨克斯坦—"三华"±1 000 kV直流工程。

1.3.2　南方电网公司特高压发展规划

南方电网公司的经营区域覆盖云南、贵州、广西、海南及广东五省（区），区域内电力流向也是以西电东送为主。为促进南方五省（区）电网科学发展，保障经济社会发展电力供应，优化区域电力资源配置和新能源开发，国家能源局组织编制了《南方电网发展规划（2013—2020年）》（以下简称《规划》），并于2013年9月正式发布。

与国家电网规划的特高压同步大电网方案有所不同，《规划》根据南方电网的特点和任务，明确了发展以直流输电技术实现跨区域送电的技术路线，通过稳步推进西电东送、加强区域电网建设，形成适应区域发展、送受端结构清晰、定位明确的交流电网主网架格局：以云南省电网为主体形成送端同步电网，其余四省（区）电网构成一个受端同步电网，电网交流最高电压等级以500 kV为主。

为实现规划目标，"十二五"期间，建成投产云南普洱至广东江门（输电容量500万kW）、云南昭通至广东从化直流输电工程（输电容量640万kW），开工建设金中直流输电通道。到2015年，将建成"八交八直"的"西电东送"通道，送电规模达到3 980万kW；到2020年，再建设6～8个远距离大容量输电通道（滇西北输电通道、云南金沙江下游二期输电通道、藏东南水电至南方电网、缅甸水电至南方电网等），满足云南、藏东南和周边国家水电向广东、广西送电的需求。

1.4　特高压交直流输电的优缺点对比

1.4.1　直流输电技术的优点

1）经济方面

（1）线路造价低

对于架空输电线，交流用三根导线，而直流一般用两根，采用大地或海水作回路时只要一根，能节省大量的线路建设费用。对于电缆，由于绝缘介质的直流强度远高于交流强度，如通常的油浸纸电缆，直流的允许工作电压约为交流的 3 倍，直流电缆的投资少得多。

（2）年电能损失小

直流架空输电线只用两根，导线电阻损耗比交流输电小；没有感抗和容抗的无功损耗；没有集肤效应，导线的截面利用充分。另外，直流架空线路的“空间电荷效应”使其电晕损耗和无线电干扰都比交流线路小。

所以，直流架空输电线路在线路建设初投资和年运行费用上均较交流输电更经济。

2）技术方面

（1）不存在系统稳定问题，可实现电网的非同期互联

在一定输电电压下，交流输电容许输送功率和距离受到网络结构和参数的限制，还须采取提高稳定性的措施，增加了费用。而用直流输电系统连接两个交流系统，由于直流线路没有电抗，不存在上述稳定问题。因此，直流输电的输送容量和距离不受同步运行稳定性的限制，还可连接两个不同频率的系统，实现非同期联网，提高系统的稳定性。

（2）限制短路电流

如用交流输电线连接两个交流系统，短路容量增大，甚至需要更换断路器或增设限流装置。然而用直流输电线路连接两个交流系统，直流系统的“定电流控制”将快速把短路电流限制在额定功率附近，短路容量不因互联而增大。

（3）调节快速，运行可靠

直流输电通过可控硅换流器能快速调整有功功率，实现“潮流翻转”（功率流动方向的改变），在正常时能保证稳定输出。在事故情况下，可健全系统对故障系统的紧急支援，也能实现对振荡阻尼和次同步振荡的抑制。在交直流线路并列运行时，如果交流线路发生短路，可短暂增大直流输送功率以减少发电机转子加速，提高系统的可靠性。

(4)没有电容充电电流

直流线路稳态时无电容电流,沿线电压分布平稳,无空、轻载时交流长线受端及中部发生电压异常升高的现象,也不需要并联电抗补偿。

(5)节省线路走廊

按同电压 500 kV 考虑,一条直流输电线路的走廊宽度约为 40 m,一条交流线路走廊宽度约为 50 m,而前者输送容量约为后者 2 倍,即直流传输效率约为交流 2 倍。

1.4.2 直流输电技术的不足

1)换流装置较昂贵

这是限制直流输电应用最主要的原因。在输送相同容量时,直流线路单位长度的造价比交流低,而直流输电两端换流设备造价比交流变电站贵很多。这就引起了所谓的"等价距离"问题。

2)消耗无功功率多

一般每端换流站消耗无功功率为输送功率的 40% ~60% ,需要无功补偿。

3)产生谐波影响

换流器在交流和直流侧都产生谐波电压和谐波电流,使电容器和发电机过热、换流器的控制不稳定,对通信系统产生干扰。

4)就技术和设备而言,直流波形无过零点,灭弧困难

目前缺乏直流开关,通过闭锁换流器的控制脉冲信号实现开关功能。若多条直流线路汇集一个地区,一次故障也可能造成多个逆变站闭锁,而且在多端供电方式中无法单独切断事故线路而需切断全部线路,从而会对系统造成重大冲击。

5)从运行维护来说,直流线路积污速度快、污闪电压低,污秽问题较交流线路更为严重

与西方发达国家相比,目前我国大气环境相对较差,这使直流线路的清扫及防污闪更为困难。设备故障及污秽严重等原因使直流线路的污闪率明显高于交流线路。

6)不能用变压器来改变电压等级

直流输电主要用于长距离大容量输电、交流系统之间异步互联和海底电缆送电等。与直流输电比较,现有的交流 500 kV 输电(经济输送容量为 1 000 MW,输送距离为 300 ~500 km)已不能满足需要,只有提高电压等级,采用特高压输电方式,才能获得较高的经济效益。

1.4.3 特高压交流输电的主要优点

1)提高传输容量和传输距离

随着电网区域的扩大,电能的传输容量和传输距离也不断增大。所需电网电压等级越

高,紧凑型输电的效果越好。

2) 提高电能传输的经济性

输电电压越高,输送单位容量的价格越低。

3) 节省线路走廊和变电站占地面积

一般来说,一回 1 150 kV 输电线路可代替 6 500 kV 线路。采用特高压输电提高了走廊利用率。

4) 减少线路的功率损耗

就我国而言,电压每提高 1% ,每年就相当于新增加 500 万 kW 的电力,500 kV 输电比 1 200 kV 输电的线损大 5 倍以上。

特高压交流输电有利于连网,简化网络结构,减少故障率。

1.4.4　特高压输电的主要缺点

特高压输电的主要缺点是系统的稳定性和可靠性问题不易解决。1965—1984 年,世界上共发生了 6 次交流大电网瓦解事故,其中 4 次发生在美国,2 次在欧洲。这些严重的大电网瓦解事故说明采用交流互联的大电网存在着事故连锁反应及大面积停电等难以解决的问题。特别是在特高压线路出现初期,不能形成主网架,线路负载能力较低,电源的集中送出带来了较大的稳定性问题。下级电网不能解环运行,导致不能有效降低受端电网短路电流,这些都威胁着电网的安全运行。另外,特高压交流输电对环境影响较大。

1.4.5　我国主要特高压直流输电工程

1) 云南—广东 ±800 kV 特高压直流输电工程

±800 kV 云南—广东特高压直流输电工程是我国直流特高压输电自主化示范工程,也是世界上第一个投入商业化运营的特高压直流输电工程。工程西起云南省楚雄州禄丰县楚雄换流站,东至广东省广州增城市穗东换流站,途经云南、广西、广东三省,输电距离 1373 km,输送功率 5 000 MW。工程于 2009 年 12 月 12 日单极投产,2010 年 6 月 9 日双极投产,总投资约 132 亿元。

2) 向家坝—上海 ±800 kV 特高压直流输电示范工程

2010 年 7 月,向家坝—上海 ±800 kV 特高压直流示范工程正式投运。工程始于四川复龙换流站,途经四川、重庆、湖南、湖北、安徽、浙江、江苏、上海八省市,至上海奉贤换流站,线路全长约 1 907 km,工程额定电流 4 000 A,额定输送功率 6 400 MW,最大连续输送功率 7 200 MW。建设向家坝—上海 ±800 kV 特高压直流输电工程,是国家电网公司积极落实科学发展观,大力推进西部大开发战略,将西部水电资源优势转化成经济优势,实现节能减排,推动社会和谐发展、可持续发展的具体实践。

3）锦屏—苏南 ±800 kV 特高压直流输电工程

工程西起四川西昌市裕隆换流站，途经四川、云南、重庆、湖南、湖北、安徽、浙江、江苏八省市，东至江苏省苏州市同里换流站，线路全长2 059 km，总投资220 亿元。2012 年12 月12 日，锦屏—苏南 ±800 kV 特高压直流输电工程全面完成系统调试和试运行，正式投入商业运行。

本工程将特高压直流输送容量从6 400 MW 提升到7 200 MW，输电距离首次突破2 000 km，创造了特高压直流输电的新纪录。工程全面投运后，每年可向华东地区输送电量约360 亿 kWh。

4）云南普洱至广东江门 +800 kV 直流输电工程

工程始于云南普洱换流站，止于广东江门换流站，线路全长1 413 km，额定输送容量500 万 kW。2013 年9 月3 日，该工程开始向广东送电，这是继 ±800 kV 云广特高压直流输电工程之后，南方电网公司建设的第二条特高压直流输电线路。云南省水能资源丰富，远期经济可开发容量9 570 万 kW，至“十二五”后期，除满足自身用电需求外，还将有大量富余水电可外送。该工程建成投产，对优化东西部资源配置、输送西部清洁电力，满足广东等省份电力需求快速增长需要具有重要意义。

5）哈密南—郑州 ±800 kV 特高压直流输电工程

该工程线路全长2 210 km，工程投资103.9 亿元，是目前世界上电压等级最高、输送容量最大、输送距离最长的特高压直流输电工程，途经新疆、甘肃、宁夏、陕西、山西、河南等六省区，止于郑州中牟县的中州换流站。该工程于2012 年5 月核准开工建设，是深入推进“西部大开发”和“西电东输”战略，促进新疆资源优势转化、服务地方经济社会发展、缓解华中地区电力供需矛盾的重大举措。

该工程于2014 年1 月实现正式投运，每年向河南提供400 亿 kW · h 以上的电量，相当于每年将2 000 多万吨煤炭产生的能量清洁、高效地输送到河南，能够有效缓解河南省负荷快速增长和资源总量不足、煤炭供应紧张的矛盾。

第 2 章　特高压交直流输电基础知识

在电力系统中，需要多次采用升压或降压变压器对电压进行变换，也就是说电力系统中采用了很多不同的电压等级。输电电压一般分为高压、超高压和特高压。国际上，高压交流(HV)通常指 35～220 kV 的电压，超高压(EHV)通常指 330 kV 及以上、1 000 kV 以下的电压，特高压(UHV)指 1 000 kV 交流电压。高压直流(HVDC)通常指的是 ±660 kV 及以下的直流输电电压，±660 kV 以上的电压称为特高压直流(UHVDC)。我国高压电网指的是 110 kV 和 220 kV 电网；超高压电网指的是 330 kV、500 kV 和 750 kV 电网；特高压电网是指以 1 000 kV交流电网为骨干网架，±800 kV 特高压直流系统直接或分层接入 1 000/500 kV 的输电网。

2.1　特高压交流输电系统的结构

2.1.1　特高压交流输电系统的特点

特高压交流输电，是指 1 000 kV 及以上电压等级的交流输电工程及相关技术。特高压输电技术具有远距离、大容量、低损耗和经济性等特点。目前，对特高压交流输电技术的研究主要集中在线路参数特性和传输能力、稳定性、经济性等方面。

特高压交流输电的技术特点可归纳为以下几点：

1)输电能力

输电线路的传输能力与输电电压的平方成正比，与线路阻抗成反比。一般来说，1 100 kV 输电线路的输电能力为 500 kV 输电能力的 4 倍以上，产生的容性无功功率为 500 kV 输电线路的 4.4 倍及以上。因此，特高压输电线路时输送功率较小时，送、受端系统的电压将升高。为抑制特高压线路的工频过电压，需要在线路两端并联电抗器以补偿线路产生的容性无功功率。

2)线路参数特性

特高压输电线路单位长度的电抗和电阻分别取为500 kV 输电线路的85%和25%，但其单位长度的电纳可为500 kV 线路的 1.2 倍。

3）稳定性

特高压输电线路的输电能力很大程度上是由电力系统稳定性决定的。中、长距离输电（300 km 及以上）的输电能力主要受功角稳定的限制，包括静态稳定、动态稳定和暂态稳定；中、短距离输电（80～300 km），则主要受电压稳定性的限制；短距离输电（80 km 以下），主要受热稳定极限的限制。

4）功率损耗

输电线路的功率损耗与输电电流的平方成正比，与线路电阻成正比。在输送相同功率的情况下，1 000 kV 输电线路的线路电流约为 500 kV 输电线路的 1/2，其电阻约为 500 kV 线路的 25%。因此，1 000 kV 特高压输电线路单位长度的功率损耗约为 500 kV 超高压输电的 1/16。

5）经济性

同超高压输电相比，特高压输电方式的输电成本、运行可靠性、功率损耗以及线路走廊宽度方面均优于超高压输电方式。

2.1.2 特高压交流输电的关键技术简介

1）特高压电网的无功补偿及电压控制技术

特高压线路的一个显著特点就是线路电容产生的无功功率很大，对于 100 km 的特高压线路，在额定电压为 1 000 kV 以及最高运行电压为 1 100 kV 条件下，发出的无功功率可以达到 400～500 Mvar，约为超高压线路的 5 倍。同时，在特高压电网不同的发展时期，特高压输电线路传输的功率有较大分别，无功功率的变化也很大。

在交流特高压输电线路输送功率较小时，并联电容产生的无功功率大于串联电抗消耗的无功功率，电网无功过剩较大，电压上升，危及设备和系统的安全；在线路末端三相开断或故障后非全相开断时，线路上将产生工频过电压，同样危及设备和系统的安全。

晋东南—南阳—荆门交流特高压试验示范工程中，晋东南—南阳线路长度为 363 km，荆门—南阳线路长度为 291 km，采用的高压电抗器配置方案为：晋东南侧高压电抗器配置容量为 960 Mvar；晋东南—南阳线路南阳侧高压电抗器与南阳—荆门线路南阳侧高压电抗器容量相同，均为 720 Mvar；荆门侧按 600 Mvar 配置。采用的低压无功补偿配置方案为：晋东南和荆门站配置低压无功补偿装置，低压电容器单组容量为 240 Mvar，低压电抗器单组容量为 240 Mvar，两站各配置 3 组低压电容器和 2 组低压电抗器。

2）特高压电网的内部过电压保护技术

电力系统内部过电压是指由于电力系统故障或者开关操作而引起电网中电磁能量的转化，从而造成瞬时或持续时间较长的高于电网额定工作电压并对电气装置造成威胁的电压升高。电力系统的内部过电压可以分为操作过电压和暂时过电压两类。操作过电压在故障或操作瞬间发生，持续时间在几十毫秒内；暂时过电压又可以分为工频过电压和谐振过电压，它们是由于电力系统存在的电感和电容效应而产生的。此外，对于特高压线路，当发生单相接地故障后，故障相两端跳闸，但其他两相仍然运行。由于相间电容和电感的存在，故障点仍有一定电流，这就是潜供电流，它会产生潜供电弧；同样由于电容和电感的作用，在原弧道会产生恢复电压，从而增加了故障点自动熄弧的困难，并导致自动重合闸失败。根据中国电网运行的实际情况，为了限制内部过电压，采取下列措施：

①对工频过电压，采用高压并联电抗器补偿高压线路充电电容，并使用可以调节或可靠的并联电抗器；使用良导体地线和金属氧化物避雷器（MOA）来限制工频过电压，此外，还可以采用限制合理的系统结构和运行方式来降低工频过电压。

②对潜供电流，采用有高压并联电抗器的线路，在高压并联电抗器中性点加装小电抗器对相间电容和相对地电容进行补偿，减小潜供电流和恢复电压。另外，使用快速接地开关。此方法是在故障相线路两侧开关跳开后，先快速合上故障线路网侧的快速接地开关，将接地点的潜供电流转移到电阻很小的两侧内合的接地开关上，以促使接地点潜供电弧的熄灭；然后快速打开接地开关，利用开关的灭弧能力将其小电弧强迫熄灭，最后再重合故障相线路。

③对操作过电压，一般采用性能优越的金属氧化物避雷器（MOA）来限制操作过电压。另外，可以采用加装合闸电断路器。合闸时，首先投入合闸电阻，经过一段时间后再合上主触头，以此达到限制合闸过电压的目的。

3）外部过电压及其保护

特高压电网所面临的外部过电压主要是雷电过电压，它是带电雷云快速放电而在输电系统中产生的一种幅值很高的电压。它又可以分为直击雷过电压和感应雷过电压。

（1）可能在输电线路上产生的雷电过电压类型

①雷电反击过电压。雷击于输电线路的杆塔或避雷线时，在杆塔的塔顶和横担上形成很高的电位，相应地在线路绝缘子串两端（即导线和横担之间）产生较高的电位差，这就是雷电反击过电压。特高压线路由于绝缘水平高，发生反击闪络的概率很小。

②雷电绕击过电压。如果雷击绕过避雷线，直接雷击于导线，雷电流在导线上就会形成较高的过电压，此即为雷电绕击过电压。

③雷电感应过电压。雷击于输电线路附近的地面时，可在导线上感应产生过电压，称为雷电感应过电压。感应过电压只会危害电压等级较低（如 35 kV 以下）的输电线路。此外，雷击还通过雷电侵入波过电压、直接雷过电压的方式对变电站及其设备产生较大的破坏作用。

（2）特高压线路防护雷电过电压的措施

①降低绕击过电压。特高压线路降低绕击过电压的主要措施是加大避雷线的间距，减小避雷线的保护角。对特高压线路来说，一般保护角取 5°～6°，甚至更小。

②降低雷电反击过电压及雷电跳闸率。降低杆塔接地电阻是降低雷电反击过电压的有效措施。此外，架设耦合地线，将避雷线由 2 条变为 3 条，提高线路绝缘水平，也可以降低雷电反击跳闸率。

4）特高压电网的绝缘配合

超高压输电线路运行经验表明：电力系统 90% 以上的事故原因是绝缘材料在电气、机械、温度等应力下的绝缘特性破坏，导致高压导体接地或不同电位导体之间的连接，中断电力变换或传输。

在运行中，因雷击、故障和开关操作的影响，高压设备还要承受超过工作电压的过电压，以及远超过工作电流的事故短路电流，承受日照、辐射、大风、雨淋、覆冰、覆雪、污秽与温度变化等环境影响，面对可能发生的风暴和地震等自然灾害，从而导致输电设备中的导线、杆塔金具相关的绝缘材料的绝缘性能下降，造成线路故障和停电事故。

①特高压架空输电线路的绝缘方式。特高压架空输电线路的高电压导体需要用绝缘子与不同电位的导体、杆塔、构架、大地等隔离开来。绝缘子主要分电瓷、玻璃和有机绝缘 3 种类型，由于特高压线路采用盘形悬式绝缘子，其机械强度要求高，质量稳定性好。

②特高压变电站内的绝缘方式。特高压变电站内的设备几乎采用了固体、气体、液体以及混合绝缘等所有绝缘形式：支撑、悬挂、包容母线等裸露高压导体的绝缘方式主要采用各种绝缘子；变压器、高压并联电抗器等设备采用油纸混合绝缘，绕组用绝缘纸包缠起来放在装有绝缘油的油箱中；断路器主要采用 SF_6 气体绝缘形式；敞开式电流、电压互感器，避雷器，套管等设备可采用油纸混合绝缘或 SF_6 气体绝缘形式。

2.2 特高压交流输电线路

2.2.1 杆塔结构形式

根据 1 000 kV 输电线路路径及杆塔荷载的实际情况，按照安全可靠、技术先进、经济合理的原则，对塔头布置形式、塔身坡度、瓶口宽度、根开尺寸、斜材布置形式、辅助材支撑形式、局部构造形式等进行多方面的分析计算和优化设计，经过多方案的技术经济比较和论证，推荐出合理的系列塔形设计方案，其中直线塔主要采用酒杯形和猫头形杆塔，耐张塔主要采用干字形杆塔。

猫头形塔导线呈中相“V”串、边相“I”串排列，中相导线与下相导线最小垂直距离为 16.6 m，两边相导线间最小水平距离为 30.8 m，因此可以将线路走廊减小到最窄，在平地和丘陵地区、走廊拥挤地带及拆迁较多或拆迁费用较高的地区优先推荐猫头形系列直线塔，如图2-1所示。

酒杯形塔导线也呈中相“V”串、边相“I”串排列，两边相导线间最小距离为 51.05 m，占用线路走廊较宽。此种塔形三相导线在同一水平位置，与猫头形直线塔相比，由于有效地降低了整个塔的高度，使单基塔重量限制在最低。经分析比较铁塔单基重量，酒杯形塔比猫头形塔约轻 10%，因此山区线路直线铁塔推荐采用酒杯形系列塔。

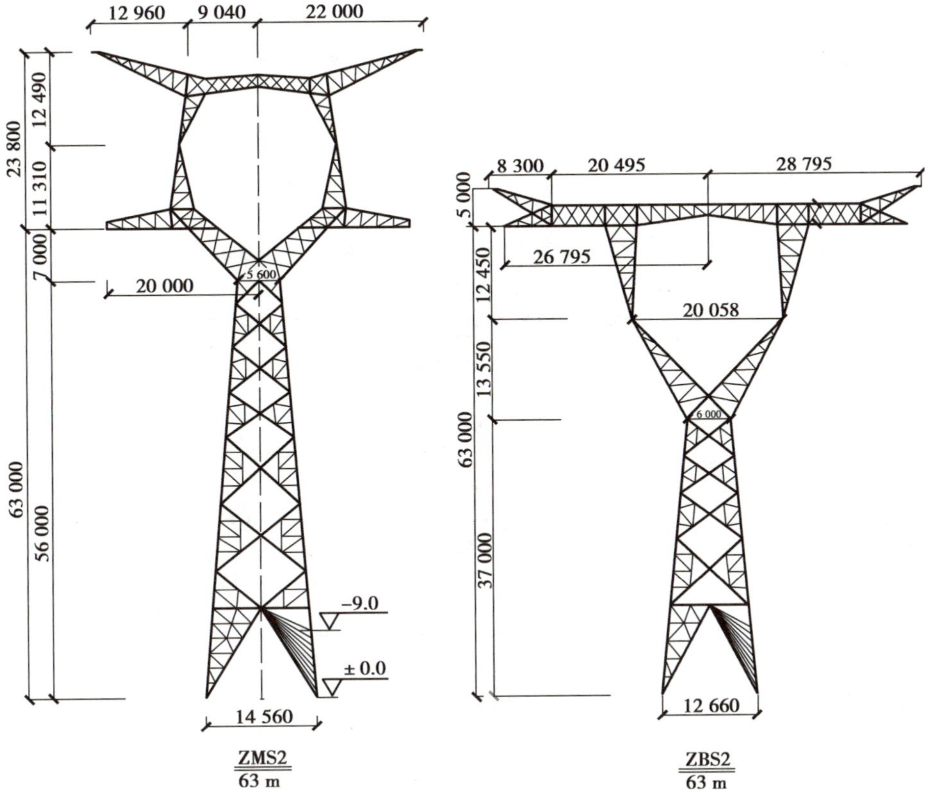

图 2-1　猫头形塔和酒杯形塔

国内工程设计的特高压交流耐张塔大多是干字形塔。这种塔形结构简单,受力清晰,占用线路走廊较窄,施工安装和运行检修较方便,在国内各种电压等级线路工程中大量使用,平地、丘陵、山区耐张塔均推荐采用干字型,如图 2-2 所示。

2.2.2　导线结构形式

1) 选择原则

导线作为输电线路最主要部件之一,它要满足线路的主要功能——输送电能的要求,同时要安全可靠地运行,对特高压输电线路还要求满足环境保护的要求,而且还要在经济上是合适的,因此,对导线在电气和机械两方面都提出了严格的要求。在导线截面和分裂方式的选取中,要充分考虑导线的电气和机械特性,在电气特性方面,一般均采用多分裂导线来解决这方面的问题;在机械特性方面,导线要有优良的机械性能和一定的安全裕度,特别是线路经过高山大岭、大档距、大高差及严重覆冰地区时,导线必须具备优良的机械性能和留有一定的安全裕度。原则上,在导线选型时,应综合考虑以下因素:

①导线的允许温升；

②电场效应；

③对环境的影响，包括无线电干扰、电晕噪声等；

④必要的机械强度；

⑤合理的经济性。

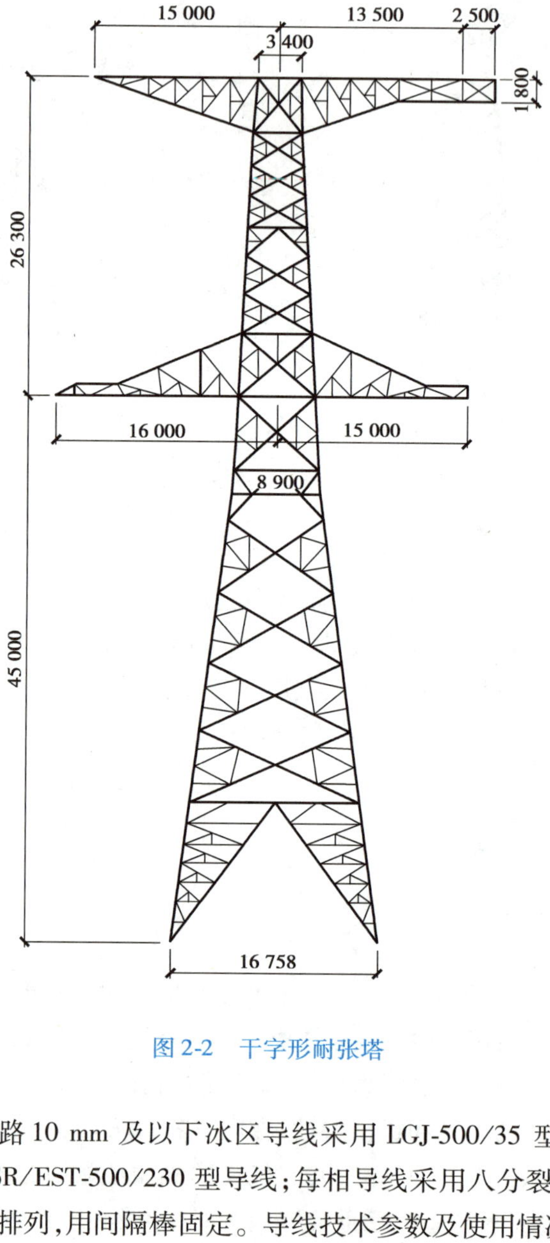

图 2-2　干字形耐张塔

2）技术参数

特高压交流输电线路 10 mm 及以下冰区导线采用 LGJ-500/35 型钢芯铝绞线。以汉江大跨越为例，采用 AACSR/EST-500/230 型导线；每相导线采用八分裂结构，分裂间距为 400 mm，子导线成正八边形排列，用间隔棒固定。导线技术参数及使用情况详见表 2-1。

表 2-1　导线技术参数表

项　目		导线型号	
		LGJ-500/35	AACSR/EST-500/230
结构 股数 × 直径/mm	铝	45/3.758	42 × 3.9
	钢	7/2.50	37 × 2.8
截面积/mm^2	铝	497.01	501.73
	钢	34.36	227.83
	总	531.37	729.56
直径 /mm		30.0	35.2
弹性模量 /($N \cdot mm^{-2} \times 10^3$)		63	97.158
热膨胀系数 /(1/℃ $\times 10^{-6}$)		20.9	16.2
计算质量 /($kg \cdot km^{-1}$)		1 642	3 188.3
计算拉断力 /kN		119.5	511.2
安全系数		2.50	3.16

3) 排列布置

仍以汉江大跨越为例，该工程导线采用三相水平排列及三角形排列，最小极相间距离为 30.8 m，一般地区最小对地高度暂按 18 m 计算，相导线和地线布置尺寸详见图 2-3。

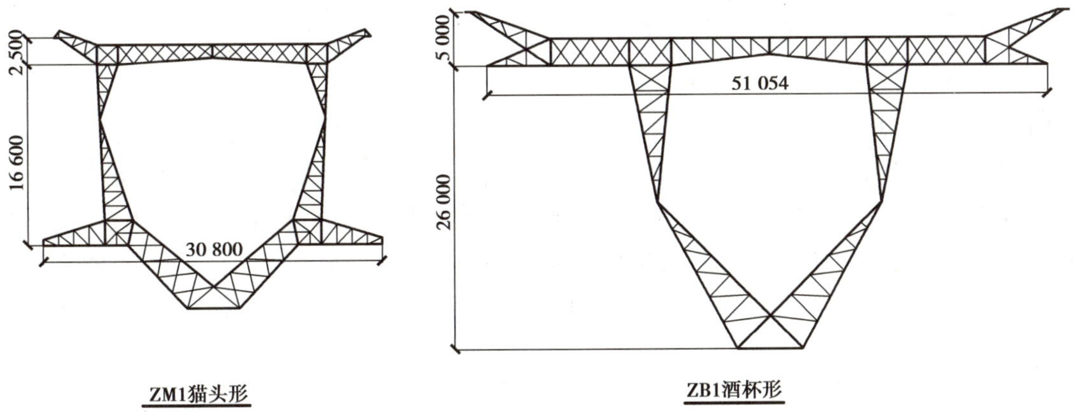

图 2-3　直线塔塔头单线图

4) 子导线编号

以 1 000 kV 南荆一线为例。河南南阳变电站为线路的小号侧（送电侧），湖北荆门变电站为线路的大号侧（受电侧），如图 2-4 所示。

每相导线的八根子导线排列顺序为：面向荆门变电站从右下角顺时针依次编为 1 号、2

号、3 号、4 号、5 号、6 号、7 号、8 号。子导线排列为正八边形，子导线分裂间距为 400 mm，如图 2-5 所示。

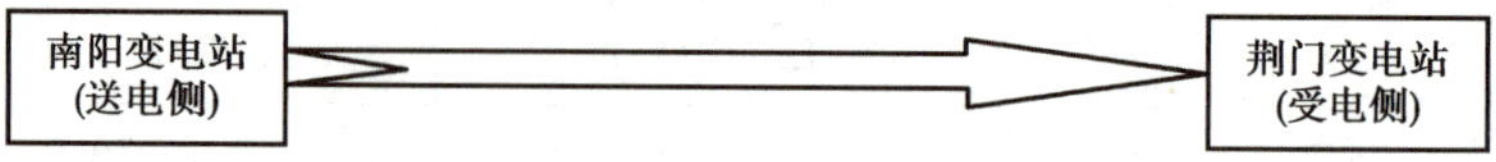

图 2-4　线路方向示意图

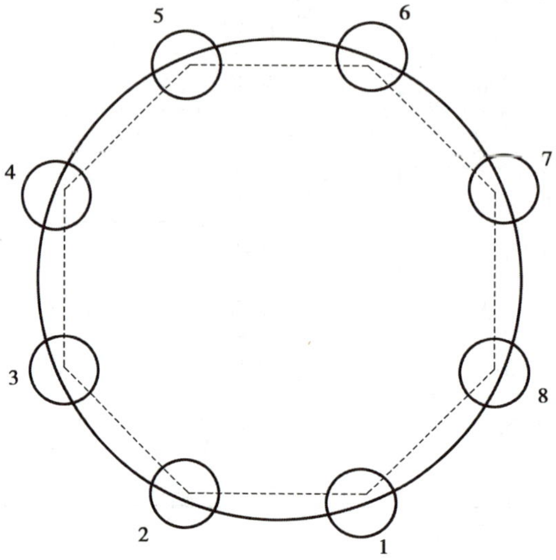

图 2-5　子导线排列及编号

2.2.3　绝缘子及金具结构形式

1) 绝缘子及配置

(1) 悬垂绝缘子串及跳线绝缘子

1 000 kV 特高压交流输电线路直线塔两边相通常采用“I”型悬垂绝缘子串，中相采用“V”型悬垂绝缘子串，如图 2-6 所示，根据负荷情况采用单联 300 kN、单联 420 kN 盘式绝缘子串或双联 210 kN、双联 300 kN、双联 420 kN 复合绝缘子串，具体配置见表 2-2。

表 2-2　悬垂串配置

污区	泄漏比距要求值 /(kV·cm^{-1})	210 kN 绝缘子		300 kN 绝缘子		420 kN 绝缘子	
		片数	泄漏比距 /(kV·cm^{-1})	片数	泄漏比距 /(kV·cm^{-1})	片数	泄漏比距 /(kV·cm^{-1})
c	2.5	/	/	54 片	2.619	52 片	2.86
d	3.0	复合绝缘子	3.03	复合绝缘子	3.03	复合绝缘子	3.03

(2)耐张绝缘子串

该工程全线分为 c 级和 d 级两种污区,泄漏比距分别按 2.5 cm/ kV 和 3.0 cm/ kV 配置。耐张绝缘子串采用双联 550 kN 级绝缘子,边相采用直跳式,中相采用绕跳式,如图 2-7 所示。每相采用 2 ×48(c 级污区)或 2 × 59 片(d 级污区)550 kN 玻璃绝缘子,破坏负荷 1 100 kN。具体配置见表 2-3。

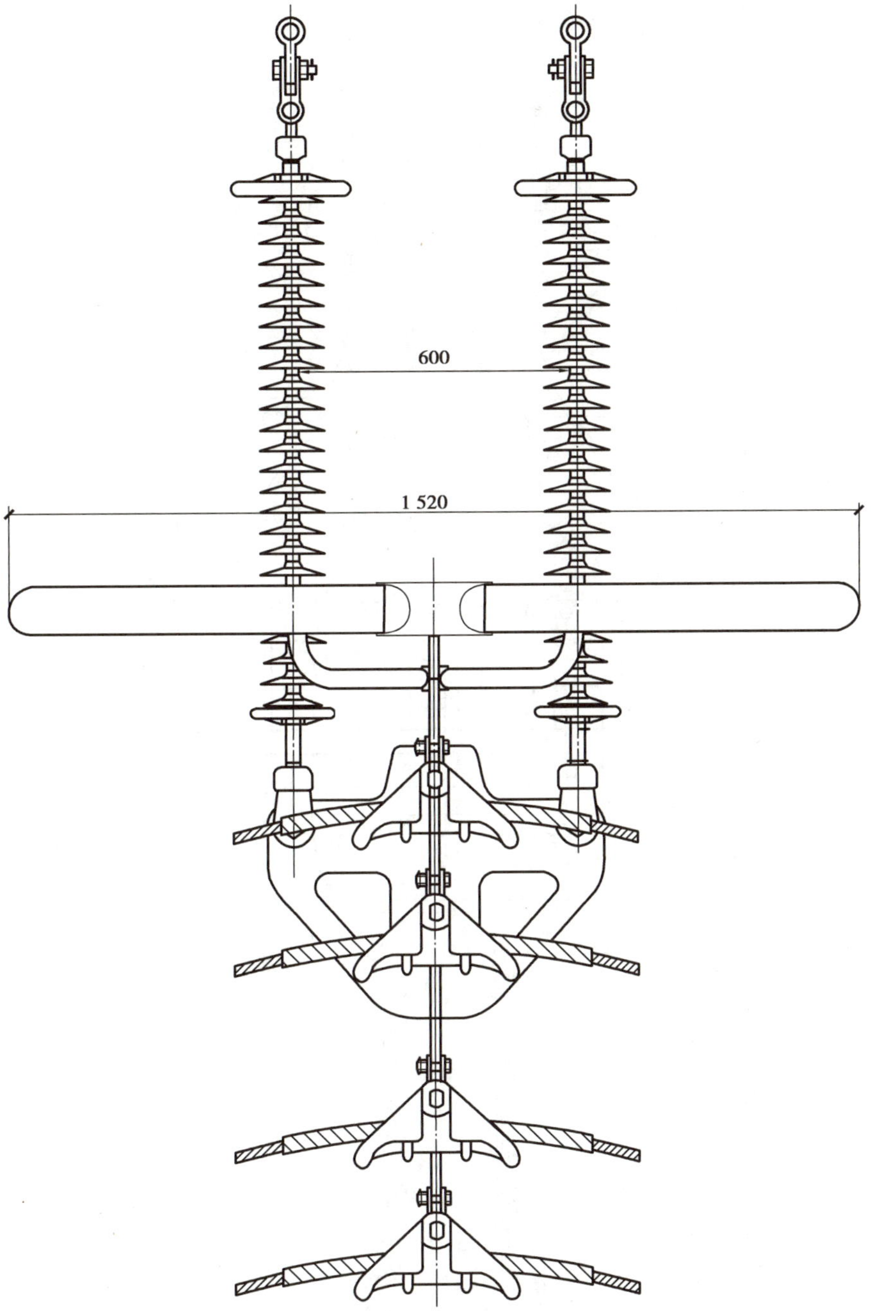

图 2-6　双联 I 型悬垂绝缘子串

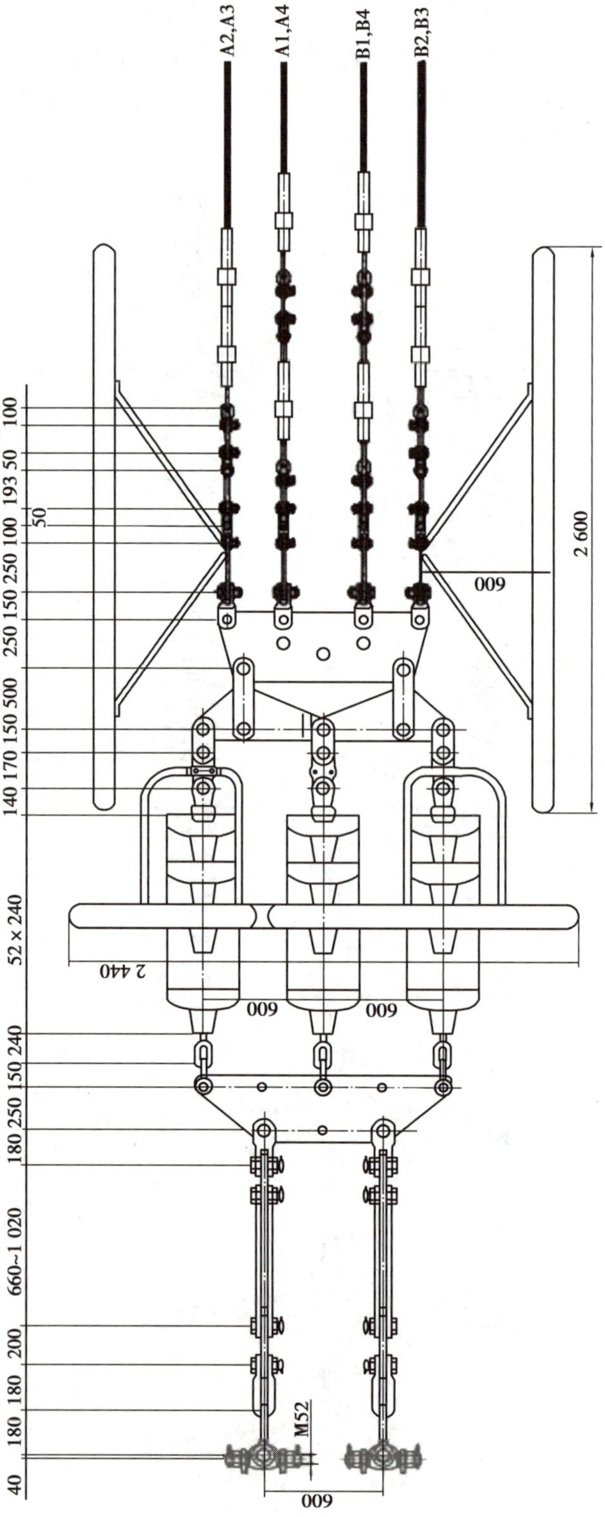
A2,A3
A1,A4
B1,B4
B2,B3
2 600
600
2 440
600
600
52×240
660~1 020
M52
600
100
140
50
193
50
100
250
150
250
500
150
170
140
240
150
250
180
200
180
180
40

图2-7 三联耐张串

表 2-3 耐张串配置

污区	泄漏比距要求值 /(kV·cm^{-1})	300 kN 爬电距离 485 mm		550 kN 爬电距离 620 mm	
		片数	泄漏比距 /(kV·cm^{-1})	片数	泄漏比距 /(kV·cm^{-1})
c	2.5	54 片	2.619	48 片	2.976
d	3.0	66 片	3.201	59 片	3.658

(3)绝缘子串和金具机械荷载

特高压交流输电线路盘型绝缘子安全系数:最大使用荷载情况下,安全系数不小于 2.7;事故情况下,安全系数不小于 1.8;瓷绝缘子运行荷载情况下,安全系数不小于 4.5。复合绝缘子安全系数:最大使用荷载情况下,安全系数不小于 3.0。

金具的安全系数运行情况不小于 2.5,事故情况不小于 1.5,与杆塔连接的第一个金具从强度、耐磨性、灵活性三方面考核了其性能,并据此选择适配的金具和线夹。

2)主要金具选择

(1)联塔金具组成

目前超高压输电线路工程中采用的 GD 挂点金具和耳轴挂板,保证各个方向转动灵活。GD 型的连塔金具缩小了两个方向转动点之间的距离,从而大大提高了连塔金具地的可靠性。但缺点是它需要在加工和组装铁塔时就要安装好,使铁塔横担结构变得较复杂,螺栓和本体连为一体,安装制造不方便。经工程实际检验,采用 GD 挂点金具和耳轴挂板避免了 UB 挂板、U 形挂环等金具受力不合理的连接组合,提高了线路运行安全性。具体的形式如图 2-8 所示。

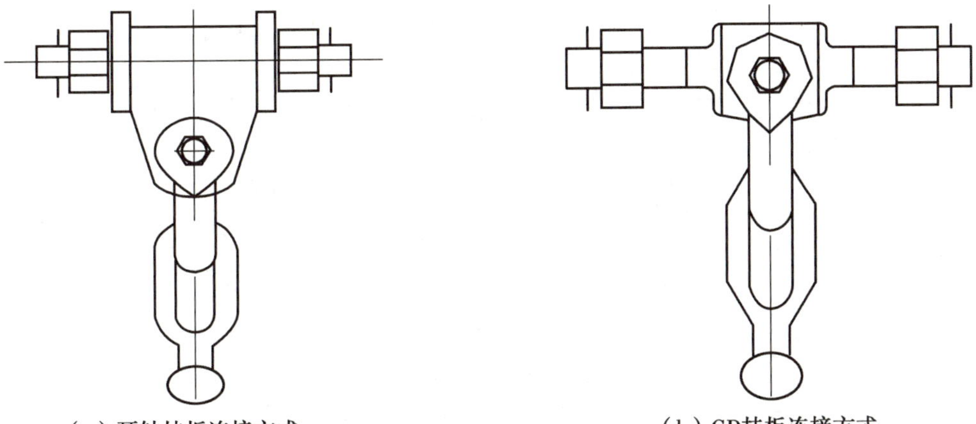

(a)耳轴挂板连接方式　　(b)GD挂板连接方式

图 2-8 耳轴挂板及 GD 挂板

综上所述,从简化挂点设计和施工方便的角度考虑,边相 I 串、中相 V 串、耐张串挂点金具均采用耳轴挂板,螺杆直径不再变化,仅调整耳轴挂板与金具连接处的孔径和厚度。

连塔金具的上部与塔连接处,考虑磨损等因素,连塔端强度应比实际使用强度高一级。金具形式如图 2-9 所示。

图 2-9 耳轴挂板

(2)八分裂悬垂联板

悬垂连板作用主要是连接和重新分布载荷，如 64 t 悬垂连板，载荷由 64 t 平均分配为呈正八边形分布的 8 个挂点，每个挂点的荷载为 8 t。苏联特高压线路悬垂串用的八分裂连板是整体连板，采用四个上扛式悬垂线夹。

整体连板形式稳定性好，金具零件少，结构简单，但是整体联板质量较大。苏联的八分裂联板质量达到了 115 ~ 148 kg，搬运不是很方便，尤其在山区。组合连板形式可使悬垂线夹摆动更为灵活，单件质量小，便于制造、运输和安装。因此，特高压线路采用分体式组合连板，如图 2-10 所示。

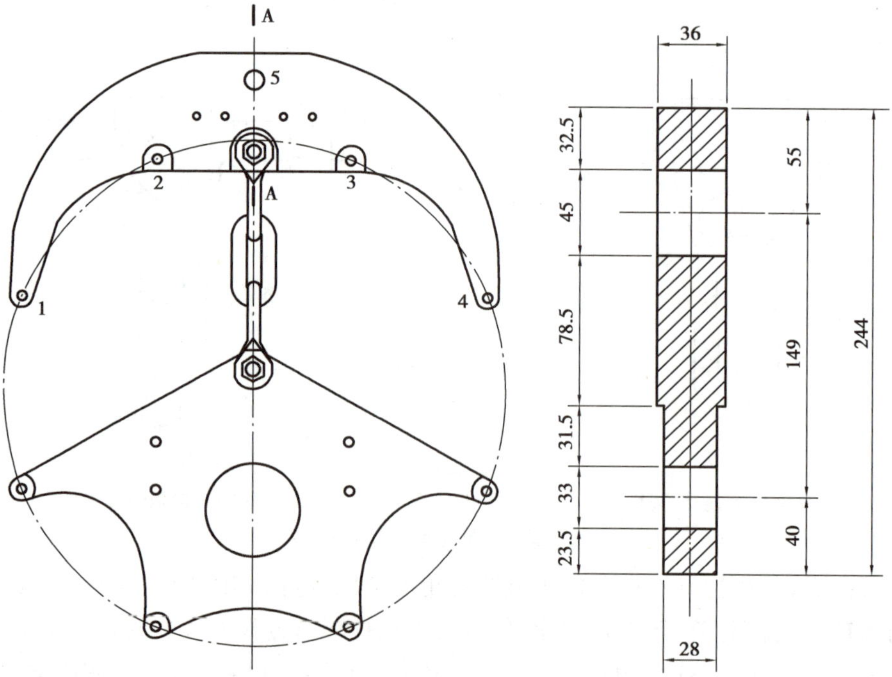

图 2-10 组合悬垂连板示意图

由图 2-10 可以看出，八分裂悬垂联板采用两个联板的组合形式。从防电晕角度看，下联板处于分裂导线形成的环形区域内部，电位梯度为零，不产生可见电晕。组合联板中，上两根子导线风偏摆动幅度会受到限制，本设计考虑悬垂线夹的转动角度为 25°，其他导线的风偏摆动限制很小，基本可以任意摆动。

(3)八分裂耐张联板

耐张金具的作用是把导线通过耐张绝缘子串锚定在耐张塔上。耐张金具是一个耐张段导线的终点，承受着导线的全部张力，一旦失效，将引发整个耐张段的事故，而特高压线路又具有分裂数多、张力大的特点，因此，耐张金具的选型与设计同样非常重要，尤其是耐张八分裂联板。

在耐张串中，四串绝缘子串通过二连板合并为两个受力点，由这两个挂点通过金具分裂成正八边形的 8 个受力点。一种方式是采用整体联板，即由两个直接变为 8 个挂点。另一种是通过联板组合先由二变四，再通过 4 个二联板变为 8 个挂点。

(4)悬垂线夹

悬垂线夹是输电线路关键金具之一，它用在架空输电线路上悬挂导线，经悬垂绝缘子串与杆塔的横担相连。悬垂线夹对于导线来说是个支点，要承受由导线上传递过来的全部负荷，容易造成损伤。其性能直接影响着架空线路的使用寿命和线路损耗。对 1 000 kV 特高压输电线路，由于对其机械强度可靠性和防晕性能的特殊要求，设计难度更大。

特高压交流南荆一线导线悬垂线夹采用提包式线夹，并带有 U 形挂板，导线悬垂夹长度要求不小于 1 100 mm，其破坏强度为 420 kN，顺线握力大于 72 kN，悬垂角大于 21°。

地线悬垂线夹为中心回转式减振线夹，并带有 U 形挂板，地线悬垂线夹长度不小于 1 100 mm，其破坏强度为 300 kN，顺线握力大于 44 kN，悬垂角大于 22°。

(5)耐张线夹

导、地线耐张线夹均采用液压型(导线耐张线夹带引流板)，导线耐张线夹破坏荷载(握力)不小于导线拉断强度的 95%，即≥485 kN，地线耐张线夹破坏荷载(握力)不小于导线拉断强度的 95%，即≥300 kN。

(6)间隔棒

间隔棒作为防护金具中的一个关键部件，在线路中主要有四个作用：

①防止短路电流时引起的子导线的鞭击；

②抑制次档距振荡；

③降低微风振动的强度；

④固定子导线空间相对位置。

特高压线路中所采用的间隔棒一般是阻尼间隔棒。其作用有二：一是起间隔作用，使一相导线中各根子导线之间保持适当的间距；二是起阻尼消振作用，保护导线免遭微风振动和次档距振荡的危害。

南荆一线导线间隔棒采用新型线夹回转式六分裂防舞阻尼间隔棒(FJZWZ-655/500/230-UHV1 000)。为抑制次档距的振荡，间隔棒安装距离按不等距安装，结合本跨越防舞动措施，间隔棒采用可回转式线夹，并预留有加装防舞器挂孔。

(7)均压、屏蔽环

对于1 000 kV特高压输电线路，由于电压等级的升高，绝缘子片数较超高压线路大大增加，绝缘子串中单片绝缘子所承受的电压也在按比例升高。为了使绝缘子安全运行，特高压线路绝缘子串中单片绝缘子所承受的电压与超高压相比不应有较大的提高。即特高压单片绝缘子所承受的电压百分数应进一步降低，这就要求在均压环的设计上有较大的改进。对于耐张串，由于联结长度较长，联结金具数量多，联结方式复杂，为了降低金具的电晕损耗，同时降低无线电干扰和可听噪声水平，必须要对耐张金具进行有效屏蔽。

南荆一线的均压环和屏蔽环均采用环形结构，悬垂绝缘子串的均压环和屏蔽环采用圆弧方形环。耐张绝缘子串的均压环采用跑道型均压环，由上下两个半环组成。屏蔽环采用一个带开口跑道环和两个圆环共三个环形屏蔽环。均压环和屏蔽环的直径比500 kV线路工程增大了2.4倍，体积也增大了很多，因此，安装过程中应注意变形等问题，并严禁踩踏。

2.2.4 塔头间隙

以往超高压输电线路设计时，对需要带电作业的杆塔，应考虑带电作业所需的安全空气间隙距离。由于带电作业的方式是灵活多样的，根据多年的设计及运行经验，在一般情况下不会也不宜因考虑带电作业而增大塔头尺寸。不过，在设计中应尽可能从塔头结构及构件布置上为带电作业创造方便条件。1 000 kV线路带电检修研究已有中国电力科学研究院通过试验得到相关成果。根据分析和试验结果，计算出满足带电作业危险率小于1×10^{-5}的最小安全距离如表2-4所示，得到我国1 000 kV晋东南—南阳特高压交流线路带电作业直线塔边相、中相以及耐张塔边相的最小安全距离如表2-4—表2-6所示。

表2-4 直线塔边相带电作业安全距离

海拔高度/m	$U50\%$/kV		危险率		最小安全距离/m	
	有分闸电阻	无分闸电阻	有分闸电阻	无分闸电阻	有分闸电阻	无分闸电阻
0	1 802	1 863	8.47×10^{-6}	9.23×10^{-6}	5.7	6.0
500	1 798	1 877	9.24×10^{-6}	6.90×10^{-6}	5.9	6.3
1 000	1 808	1 864	7.44×10^{-6}	9.04×10^{-6}	6.2	6.5
1 500	1 800	1 872	8.85×10^{-6}	7.66×10^{-6}	6.4	6.8
2 000	1 805	1 874	7.94×10^{-6}	7.34×10^{-6}	6.7	7.1

表 2-5　直线塔中相带电作业安全距离

海拔高度/m	U50%/kV		危险率		最小安全距离/m	
	有分闸电阻	无分闸电阻	有分闸电阻	无分闸电阻	有分闸电阻	无分闸电阻
0	1 794	1 868	9.96×10^{-6}	8.32×10^{-6}	6.3	6.7
500	1 804	1 875	8.12×10^{-6}	7.19×10^{-6}	6.6	7.0
1 000	1 808	1 875	7.44×10^{-6}	7.19×10^{-6}	6.9	7.3
1 500	1 800	1 860	9.64×10^{-6}	9.83×10^{-6}	7.1	7.5
2000	1 805	1 873	9.64×10^{-6}	7.50×10^{-6}	7.4	7.9

表 2-6　耐张塔带电作业安全距离

海拔高度/m	U50%/kV		危险率		最小安全距离/m	
	有分闸电阻	无分闸电阻	有分闸电阻	无分闸电阻	有分闸电阻	无分闸电阻
0	1 795	1 877	9.85×10^{-6}	6.90×10^{-6}	5.8	6.2
500	1 812	1 871	6.82×10^{-6}	7.82×10^{-6}	6.1	6.4
1 000	1 802	1 860	8.47×10^{-6}	9.83×10^{-6}	6.3	6.6
1 500	1 795	1 867	9.85×10^{-6}	8.50×10^{-6}	6.5	6.9
2 000	1 801	1 871	8.66×10^{-6}	7.82×10^{-6}	6.8	7.2

2.3　特高压直流输电系统的结构

2.3.1　直流输电系统的结构

直流输电系统由整流站、直流输电线路和逆变站 3 部分组成，如图 2-11 所示。由图可以看出：送端交流电经换流变压器和换流阀变换成直流电，然后由直流线路把直流电输送给逆变站，经逆变换流变压器再将直流电变换成交流电后，送入受端交流系统。

直流输电系统按照其与交流系统的接口数量分为两大类，即两端(或端对端)直流输电系统和多端直流输电系统。两端直流输电系统是只有一个整流站和一个逆变站的直流输电系统，它与交流系统只有两个接口，是结构最简单的直流输电系统，是世界上已经运行的直流输电工程普遍采用的方式。多端直流输电系统后交流系统有 3 个及以上的接口，它有多个整流站和逆变站，以实现多个电系统向多个受端系统的输电。目前只有意大利—撒丁岛(三端)和加拿大—美国的魁北克—新英格兰(五端)直流输电工程为多端直流输电系统。

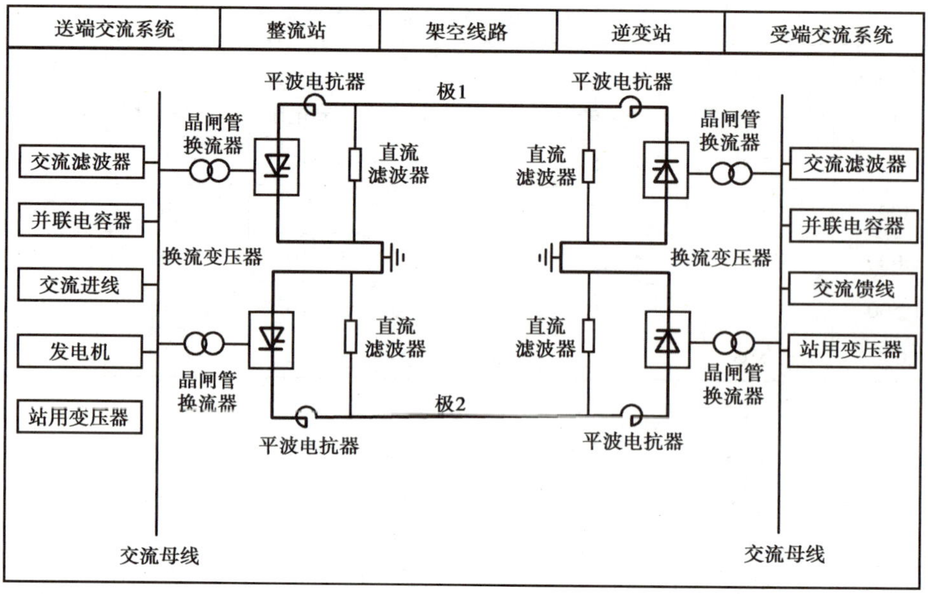

图 2-11　直流输电系统结构图

两端直流输电系统又可分为单极（正极或负极）、双极（正、负两极）和背靠背直流输电系统（无直流输电线路）3 种类型。单极直流输电系统中换流站出线端对地电位为正的称为正极，为负的称为负极。与正极或负极相连的输电导线称为正极导线或负极导线，或称为正极线路或负极线路。单极直流架空线路通常多采用负极性（即正极接地），这是因为正极导线电晕的电磁干扰和可听噪声均比负极导线的大。同时由于雷电大多为负极性，使得正极导线雷电闪络的概率也比负极导线的高。单极系统运行的可靠性和灵活性不如双极系统好，因此，单极直流输电工程比较少。

1）单极系统接线方式

单极系统的接线方式可分为单极大地（或海水）回线方式和单极金属回线方式两种。另外当双极直流输电工程在单极运行时，还可以接成双导线并联大地回线方式运行。图 2-12 给出这 3 种方式的示意图。

（1）单极大地回线方式

单极大地回线方式是两端换流器的一端通过极导线相连，另一端接地，利用大地（或海水）作为直流的回流电路，如图 2-12（a）所示。这种方式的线路结构简单，利用大地作为回线，省去一根导线，线路造价低。但地下（或海水中）长期有大的直流电流流过，大地电流所经之处，将引起埋设于地下或放置在地面的管道、金属设施发生电化学腐蚀，使中性点接地变压器产生直流偏磁而造成变压器磁饱和等问题。这种方式主要用于高压海底电缆直流工程，如瑞典—丹麦的康梯—斯堪工程，瑞典—芬兰的芬挪—斯堪工程，瑞典—德国的波罗的海工程，丹麦—德国的康特克工程等。

（2）单极金属回线方式

单极金属回线方式如图 2-12（b）所示，采用低绝缘的导线（也称金属返回线）代替单极大地回线方式中的大地回线。在运行中，地中无电流流过，可以避免由此所产生的电化学腐蚀和变压器磁饱和等问题。为了固定直流侧的对地电压和提高运行的安全性，金属返回线的一端接地，其不接地端的最高运行电压为最大直流电流在金属返回线上的压降。这种方式的线路投资和运行费用均较单极大地回线方式的高，通常只在不允许利用大地（或海水）为回线或选择接地极较困难以及输电距离又较短的单极直流输电工程中采用，但在双极运行方式中需要单极运行时可以采用。

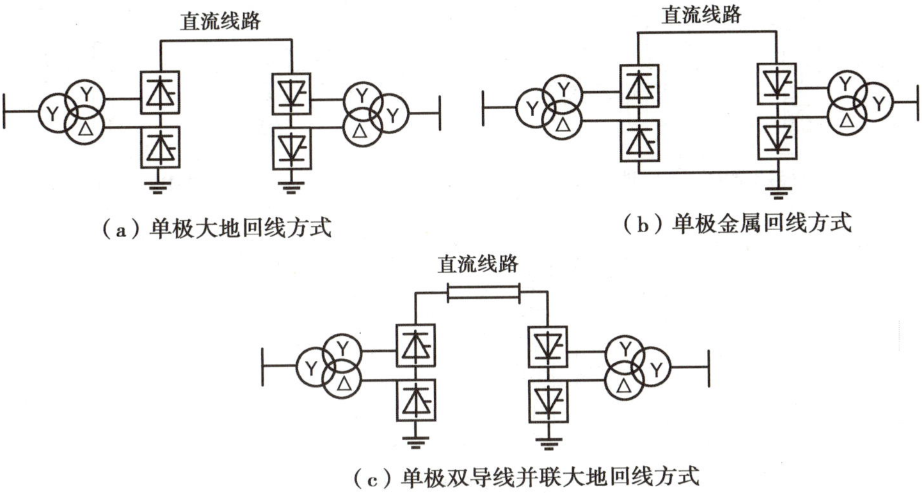

图 2-12　单极直流输电系统接线图

（3）单极双导线并联大地回线方式

单极双导线并联大地回线方式如图 2-12（c）所示。这种方式是双极运行方式中需要单极运行时采用的特殊方式，与单极大地回线方式相比，由于极线采用两极导线并联，极导线电阻减小一半，因此，线路损耗减小一半。

2）双极系统接线方式

双极系统接线方式是直流输电工程普遍采用的接线方式，可分为双极两端中性点接地方式、双极一端中性点接地方式和双极金属中性线方式 3 种类型。图 2-13 所示为双极直流输电系统接线示意图。

（1）双极两端中性点接地方式

双极两端换流器中性点接地方式（简称双极方式）的正负两极通过导线相连，两端换流器的中性点接地，如图 2-13（a）所示。实际上，它可以看成是两个独立的单极大地回路方式。正负两极在地回路中的电流方向相反，地中电流为两极电流之差值。双极对称运行时，地中无电流流过，或仅有少量的不平衡电流流过，通常小于额定电流的 1%。因此，双极对称方式，可消除由于地中电流所引起的电腐蚀等问题。当需要时，双极可以不对称运行，这时两极中的电流不相等，地中电流为两极电流之差。运行时间的长短由接地极寿命决定。在双极两端换流器中性点接地方式的直流输电工程中，当一极故障时，另一极可正常并过负荷运行，可减小送电损失。双极对称运行时一端接地极系统故障，可将故障端换流器的中性点自动转换到换流站内的接地网临时接地，并同时断开故障的接地极，以便进行检查和检修。当一极设备故障或检修停运时，可转换成单极大地回线方式、单极金属回线方式或单极双导线并联大地回线方式运行。由于此方式运行灵活、可靠性高，大多数直流输电工程都采用此接线方式。

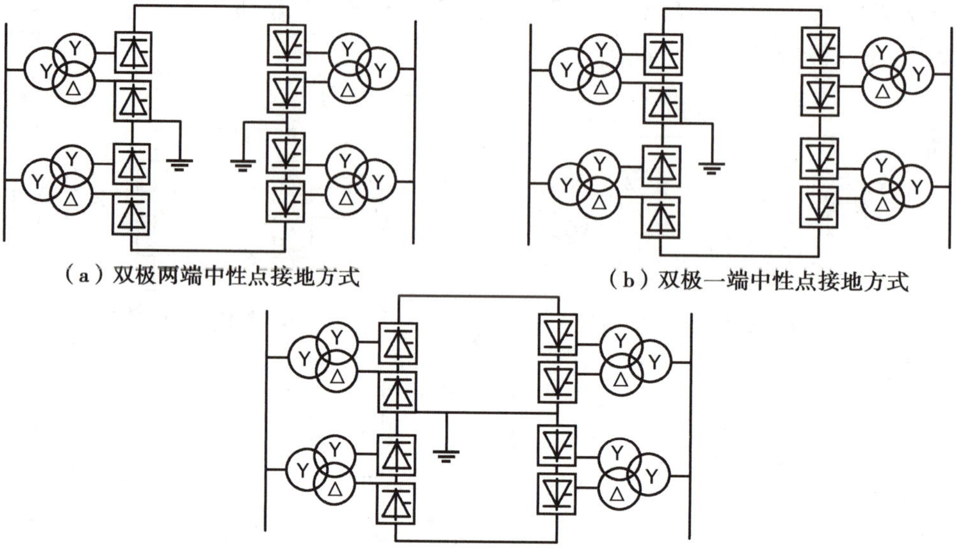

（a）双极两端中性点接地方式　（b）双极一端中性点接地方式

（c）双极金属中性接线方式

图 2-13　双极直流输电系统接线示意图

（2）双极一端中性点接地方式

这种接线方式只有一端换流器的中性点接地，如图 2-13（b）所示。它不能利用大地作为回路。当一极故障时，不能自动转为单极大地回线方式运行，必须停运双极，在双极停运以后，可以转换成单极金属回线运行方式。因此，这种接线方式的运行可靠性和灵活性均较差。其主要优点是可以保证地中无电流流过，从而可以避免由此所产生的一系列问题。这种系统构成方式在实际工程中很少采用，只在英—法海峡直流输电工程中得到应用。

（3）双极金属中性线方式

双极金属中性线方式是在两端换流器中性点之间增加一条低绝缘的金属返回线。它相当于两个可独立运行的单极金属回线方式，如图 2-13（c）所示。为了固定直流侧各种设备的对地电位，通常中性线的一端接地，另一端中性点的最高运行电压为流经金属线中最大电流时的电压降。这种方式地中无电流流过，既可以避免由于地电流而产生的问题，又具有比较高的可靠性和灵活性。当一极线路发生故障时，可自动转为单极金属回线方式运行。当换流站的一个极发生故障需停运时，可首先自动转为单极金属回线方式，然后还可转为单极双导线并联金属回线方式运行。其运行的可靠性和灵活性与双极两端中性点接地方式相类似。由于采用 3 根导线组成输电系统，其线路结构较复杂，线路造价较高，通常是当不允许地中流过直流电流或接地极地址很难选择时才采用。例如，英国伦敦的金斯诺斯地下电缆直流工程、日本纪伊直流工程以及加拿大的魁北克—新英格兰多端直流工程的一部分就采用这种系统构成方式。

3）背靠背直流系统

背靠背直流系统是输电线路长度为零（即无直流输电线路）的两端直流输电系统，它主要用于两个异步运行（不同频率或频率相同但异步）的交流电力系统之间的联网或送电，也称为异步联络站。如果两个被联电网的额定频率不相同（如 50 Hz 和 60 Hz），也可称为变频站。背靠背直流系统的整流站和逆变站的设备装设在一个站内，也称背靠背换流站。在背靠背换流站内，整流器和逆变器的直流侧通过平波电抗器相连，而其交流侧则分别与各自的被联电网相连，从而形成两个交流电网的联网。两个被联电网之间交换功率的大小和方向均由控制系统进行控制。为降低换流站产生的谐波，通常选择 12 脉动换流器作为基本换流单元。图 2-14 所示为背靠背换流站的原理接线。换流站内的接线方式有换流器组的并联方式和串联方式两种。

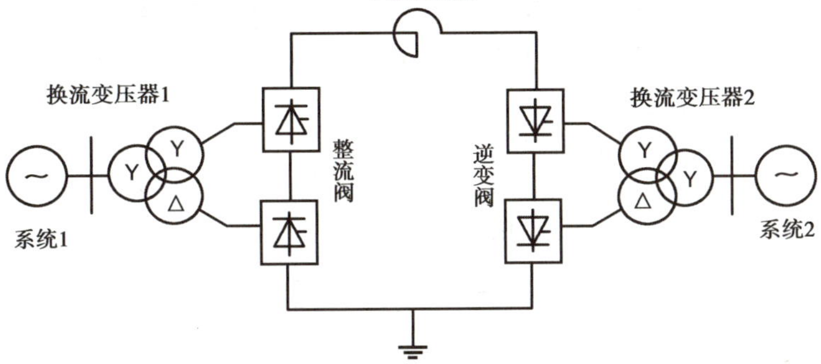

图 2-14　背靠背换流站原理接线图

背靠背直流输电系统的主要特点是直流侧可选择低电压、大电流（因无直流输电线路，直流侧损耗小），可充分利用大截面晶闸管的通流能力，同时直流侧设备（如换流变压器、换流阀、平波电抗器等）也因直流电压低而使其造价相应降低。由于整流器和逆变器均装设在一个阀厅内，直流侧谐波不会造成对通信线路的干扰，因此可省去直流滤波器，减小平波电抗器的电感值。由于采用 3 根导线组成输电系统，其线路结构较复杂，线路造价较高，通常是当不允许地中流过直流电流或接地极极址很难选择时采用。

4）多端直流输电系统

多端直流输电系统是由 3 个及以上换流站，以及连接换流计之间的高压直流输电线路所组成，它与交流系统有 3 个及以上的接口。多端直流输电系统可以解决多电源供电或多落点受电的输电问题，它还可以联系多个交流系统或者将交流系统分成多个孤立运行的电网。多端直流输电系统中的换流站，可以作为整流站运行，也可以作为逆变站运行，但作为整流站运行的换流站总功率与作为逆变站运行的总功率必须相等，即整个多端系统的输入和输出功率必须平衡。换流站在多端直流输电系统之间的连接方式可以分为并联方式或串联方式，连接换流站之间的输电线路可以是分支形或闭环形，如图 2-15 所示。

（1）串联方式

串联方式的特点是各换流站均在同一个直流电流下运行，换流站之间的有功调节和分配主要是靠改变换流站的直流电压来实现。串联方式的直流侧电压较高，在运行中的直流电流也较大，因此其经济性能不如并联方式好。当换流站需要改变潮流方向时，串联方式只需改变换流器的触发角，使原来的整流站（或逆变站）变为逆变站（或整流站）运行，不需改变换流器直流侧的接线，潮流反转操作快速方便。当某一换流站发生故障时，可投入其旁通开关，使其退出工作，其余的换流站经自动调整后，仍能继续运行，不需要用直流断路器来断开故障。当某一段直流线路发生瞬时故障时，需要将整个系统的直流电压降到零，待故障消除后，直流系统可自动再启动。当一段直流线路发生永久性故障时，则整个多端系统需要停运。

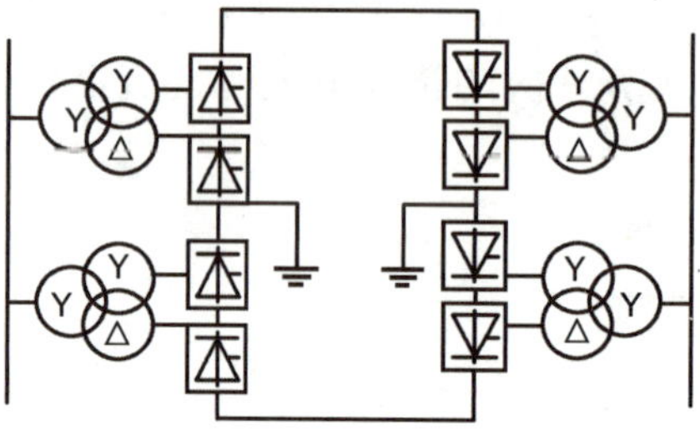

（a）双极两端中性点接地方式

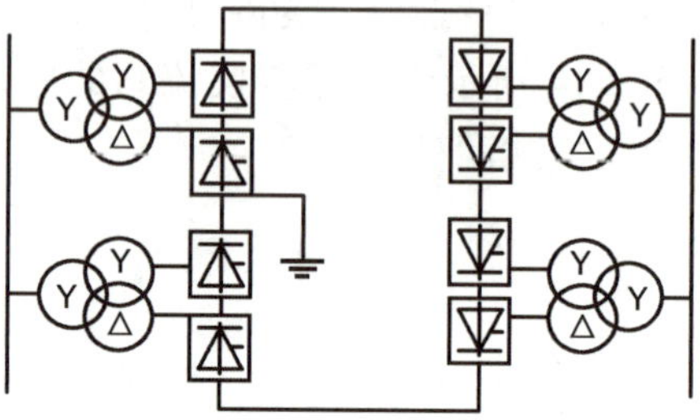

（b）双极一端中性点接地方式

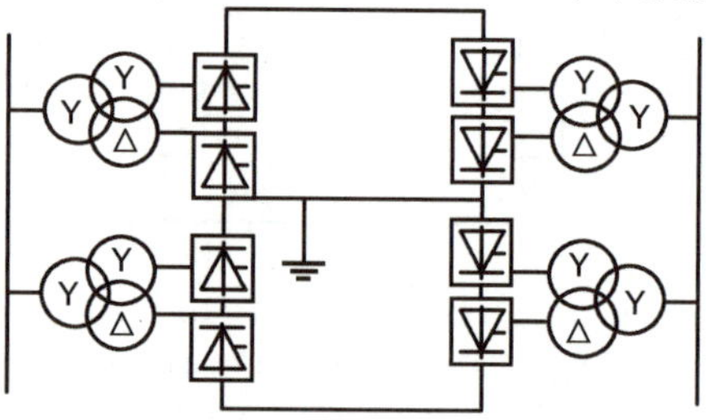

（c）双极金属中性接线方式

图 2-15　多端直流输电系统原理接线

（2）并联方式

并联方式的特点是各换流站在同一个直流电压下运行，换流站之间的有功调节和分配主要是靠改变换流站的直流电流来实现。由于并联方式在运行中保持直流电压不变，负荷的减小是用降低直流电流来实现的，因此其系统损耗小，运行经济性也好。

由于并联方式具有上述优点，因此目前已运行的多端直流系统均采用并联方式。并联方式的主要缺点是当换流站需要改变潮流方向时，除了改变换流器的触发角，使原来的整流站（或逆变站）变为逆变站（或整流站）以外，还必须将换流器直流侧两个端子的接线倒换过来接入直流网络才能实现。因此，并联方式对潮流变化频繁的换流站是很不方便的。

多端直流输电系统比采用多个两端直流输电系统要经济，但其控制保护系统以及运行操作较复杂。今后随着具有关断能力的换流阀（如 IGBT、IGCT 等）的应用以及在实际工程中对控制保护系统的改进和完善，采用多端直流输电的工程将会更多。

2.3.2　高压直流输电的特点

直流输电的主要特点与其两端需要换流以及输送的是直流电这两个基本点有关。直流输电的发展与换流技术的发展,特别是大功率电力电子技术的发展有着密切的关系。目前绝大多数直流输电工程均采用晶闸管换流,今后随着新型电力电子器件(如 IGBT、IGCT、碳化硅器件等)在直流输电中的应用,将会明显改善直流输电的运行性能。基于晶闸管换流的情况,直流输电有以下主要特点:

(1)直流输电结构简单

直流输电架空线路只需正负两极导线,杆塔结构简单,线路走廊窄,造价低,损耗小。直流线路的输送能力强,一回 ±500 kV 的直流线路可输送 3 000 ~3 500 MW, ±800 kV 则可输送 4 800 ~6 400 MW;直流线路无电容电流,沿线的电压分布均匀,不需装高并联电抗器。

(2)直流输电比较适合远距离跨海和地下电缆送电

直流电缆线路耐压高、输送容量大、输电密度高、损耗小、寿命长,且输送距离不受电容电流的限制。远距离跨海送电和地下电缆送电大多采用直流电缆线路。

(3)直流输电有利于远距离输电

直流输电两端的交流系统无需同步运行,其输送容量由换流阀电流允许值决定,输送容量和距离不受两端的交流系统同步运行的限制,有利于远距离大容量输电。

(4)直流输电便于电网的控制、运行和管理

采用直流输电实现电力系统非同步联网,不增加被联电网的短路容量,不需要因短路容量问题而更换被联电网的断路器以及对电缆采取限流措施;被联电网可以是额定频率不同(50 Hz 和 60 Hz),或额定频率相同但非同步运行的电网;被联电网可保持各自的频率和电压而独立运行,不受联网的影响;被联电网之间交换的功率可方便快速地进行控制,有利于运行和管理。

(5)直流输电可以提高线路的输送能力

直流输电输送的有功和换流器吸收的无功均可方便快速地控制,可利用这种快速控制改善交流系统的运行性能。对交直流并联输电系统,可以利用直流的快速控制以阻尼交流系统的低频振荡,提高与其并联的交流线路的输送能力。

(6)直流输电提高了输电系统的可靠性

直流输电可利用大地(或海水)为回路,可省去一极的导线且大地电阻率低、损耗小。对于双极直流系统,大地回路通常作为备用线,当一极故障时,可自动转为单极方式运行,提高了输电系统的可靠性。

(7)直流输电便于分期建设和增容扩建

直流输电可方便地进行分期建设和增容扩建,有利于发挥投资效益。

(8)直流输电比交流输电设备多、结构复杂、造价及运行费用高

直流输电换流站比交流变电站的设备多、结构复杂、造价高、损耗大、运行费用高、可靠性也相应降低。换流站造价比同等规模交流变电站要高出数倍。

(9)直流输电的换流站占地面积大,造价和运行费用高

换流器运行时在交流侧和直流侧产生一系列的谐波,为降低谐振波的影响,在两侧需分别装设交流滤波器和直流滤波器,使得换流站的占地面积、造价和运行费用均大幅度提高。

(10)直流输电需吸收的无功多

晶闸管换流阀组成的电网相换流器将吸收大量的无功,除交流滤波器提供的无功外,有些还需装设静电电容器、调相机或静止无功补偿器。

(11)直流输电灭弧问题难以解决

直流断路器没有电流过零点可自用,灭弧问题难以解决,给直流输电中间抽能带来困难,并且使多端直流输电工程发展缓慢。

(12)直流输电接地比较复杂

直流输电利用大地(或海水)为回路将带来接地极附近地下金属构件、管道等埋设物的电腐蚀、直流电流通过中性点接地变压器使变压器饱和,以及对通信系统和航海磁罗盘的干扰等问题。当地表面电阻率很高时,接地极值的选择比较困难。

2.4 特高压直流输电系统的应用

直流输电的应用有两种情况:一是采用交流输电在技术上有困难或不可能,而只能采用直流输电的情况,如不同频率(如 50 Hz 和 60 Hz)电网之间的联网或向不同频率的电网送电、因稳定性问题采用交流输电难以实现、远距离电缆送电采用交流电缆因电容电流太大而无法实现等;二是在技术上采用交、直流输电方式均能实现,但采用直流输电比交流输电具有更好的经济性,对于这种情况则需要对工程的输电方案进行全面的比较和论证,最后根据比较的结果决定。直流输电的应用有以下几个方面:

2.4.1 远距离大容量输电

远距离大容量输电采用交流还是直流,取决于经济性能的比较。直流输电线路的造价和运行费用均比交流输电低,但换流站的造价和运行费用均比交流变电站高。因此,对同样的输送容量,只有当输送距离达到某一长度时,换流站多花费的费用才能被直流线路节省的费用所补偿,我们将这个输电距离称为交、直流输电的等价距离。对于 ·定的输送功率,当输电距离大于等价距离时,采用直流输电比较经济。等价距离与交流和直流输电线路的造价、交流变电站和直流换流站的造价、交流输电和直流输电系统的损耗和运行费用、损耗的

电能价格等一系列经济指标有关。对于不同的国家，上述经济指标各不相同，因此，不可能有一个相同的等价距离。根据国际大电网的统计，当架空线路输送功率为 540 ~ 2 160 MW 时，等价距离约为 640 ~ 960 km，而电缆线路约为 20 ~ 40 km。随着科学技术的进步，换流设备的造价会有一定的降低，从而使交、直流输电的等价距离进一步缩短，如国外双极 ±400 kV 直流输电线路的等价距离，已由 1973 年的 750 ~ 800 km 下降至 500 km。

目前我国还未完全掌握高压直流换流站设备的设计和制造技术，部分设备还需进口，因此交、直流输电的等价距离比国外要大，如新建的 ±500 kV 直流工程，其等价距离约 1 000 km。目前已运行和正在建设的直流工程中，远距离大容量直流输电工程约占 1/3，此类工程大多是解决大型水电站或火电中心向远方负荷中心的送电问题。例如，巴西的伊泰普直流工程（两回 ±600 kV、800 km、6 300 MV）、加拿大的纳尔逊河直流工程（两回 ±500 kV、940 km、4 000 MW）、我国新建的龙泉—政平、宜都—华新、荆州—惠州直流输电工程（ ±500 kV、900 ~ 1 100 km、3 000 MW）等。这种远距离输电工程同时具有异步联网的性质，如三峡向华东以及向广东的送电工程，同时也实现了华中与华东、华中与华南电网的异步联网。而巴西伊泰普直流工程则是 50 Hz 的发电站与 60 Hz 的电网联网。

直流大容量远距离输电工程的特点是输送容量大、距离远、电压高，其输送容量和电压代表了当时直流输电技术的最高水平。目前已投运的直流工程，最高电压为 ±600 kV，最大输送容量为 3 150 MW，最长距离为 1 700 km。

2.4.2　电力系统联网

采用直流输电联网，可以充分发挥联网效益，避免交流联网所存在的问题。直流联网的主要优点如下：

①直流联网不要求被联的交流电网同步运行，被联电网可用各自的频率异步独立运行，可保持各个电网自己的电能质量（如频率电压）而不受联网影响。

②被联电网间交换的功率，可以用直流输电的控制系统进行快速、方便地控制，而不受被联电网运行条件的影响，便于经营和管理。交流联网时，联络线的功率受两端电网运行情况的影响而很难进行控制。

③联网后不增加被联电网的短路容量，不需要考虑因短路容量的增加、断路器容量不够而需要更换或采用限流措施等问题。

④可以方便地利用直流输电的快速控制来改善交流电网的运行性能，减少故障时两电网的相互影响，提高电网运行的稳定性，降低大电网大面积停电的概率，提高大电网运行的可靠性。

2.4.3 直流电缆送电

采用相同的电压、输送相同的功率,直流电缆的费用比交流电缆要节省得多。直流电缆没有电容电流,输送容量不受距离的限制,而交流电缆由于电容电流很大,其输送距离将受到限制。电缆长度超过 40 km 时,采用直流输电无论是经济上还是技术上都较为合理。因此,远距离大容量跨海峡的海底电缆送电大部分采用直流电缆。大城市附近建设大型电站受环境污染条件的限制,往往是不被允许的。而大城市的用电密度高,人口稠密,架空线路的走廊难以选择。采用高压直流地下电缆将远处的电力送往大城市的负荷中心也是一种有竞争力的方案。

目前,大部分跨海峡的输电工程均采用直流输电,如英法海峡直流工程,采用 2 回 ±270 kV,总输送功率为 2 000 MW,海底电缆 72 km;瑞典—德国的波罗的海直流工程,海底电缆 250 km,架空线路 12 km,单极 450 kV,输送功率 600 MW;日本的纪伊直流工程,海底电缆 51 km,架空线路 51 km,双极 ±500 kV,输送功率 2 800 MW;马来西亚的巴坤直流工程,海底电缆 670 km,架空线路 660 km,计划 3 回 ±500 kV,总输送功率 2 130 MW。另外,还有不少小型的跨海峡直流工程,如我国的舟山直流工程和嵊泗直流工程等。

2.4.4 向大城市送电的直流地下电缆工程

采用直流地下电缆比交流电缆有明显的优点,如英国伦敦的金斯诺斯直流工程,地下电缆长 82 km,电压 ±266 kV,输送电力 640 MW。随着轻型直流输电和新型聚合物直流地下电缆的应用,此类工程的造价将逐渐降低,并进一步得到应用和发展。

2.4.5 轻型直流输电

轻型直流输电是 20 世纪 90 年代开始发展的一种新型直流输电技术。它采用脉宽调制(PWM)技术,应用绝缘栅双极晶体管(IGBT)组成的电压源换流器进行换流。由于这种换流器的功能强、体积小,可减少换流站的设备、简化换流站的结构,从而称之为轻型直流输电。它主要应用于向孤立的远方小负荷区供电、小型水电站或风力发电站与主干电网的连接、小型背靠背换流站以及输送功率较小的配电网络。轻型直流输电的建设周期短,换流器的控制性能好,在配电网络中有较好的竞争力。目前在瑞典、丹麦、澳大利亚、美国、墨西哥共建有 5 个轻型直流输电工程。

2.5　特高压直流输电线路

2.5.1　杆塔结构型式

特高压线路主要采用羊角型和干字型杆塔。杆塔的高度普遍比 ±500 kV 输电线路铁塔高 12 m 左右，全高达到 45 ~ 136 m。塔头尺寸比 ±500 kV 线路铁塔大一倍左右，水平排列横担长达 40 m 以上。

特高压直流铁塔主要采用羊角型（图 2-16），耐张塔型式普遍采用干字型铁塔（图2-17）。

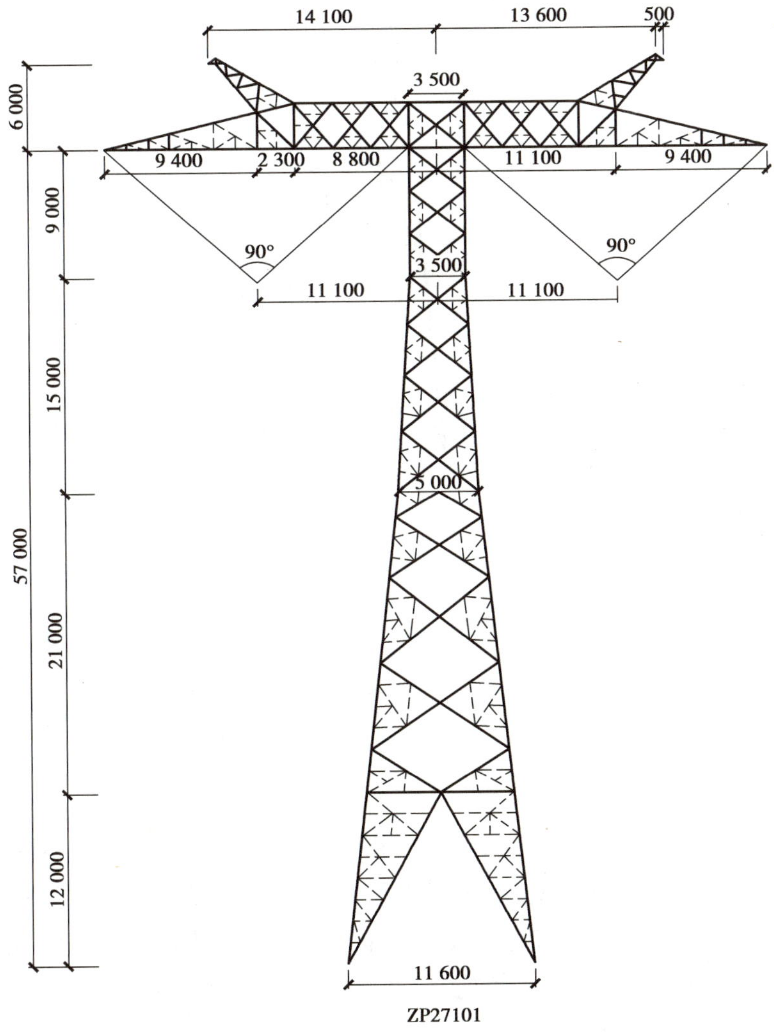

图 2-16　羊角型塔示意图

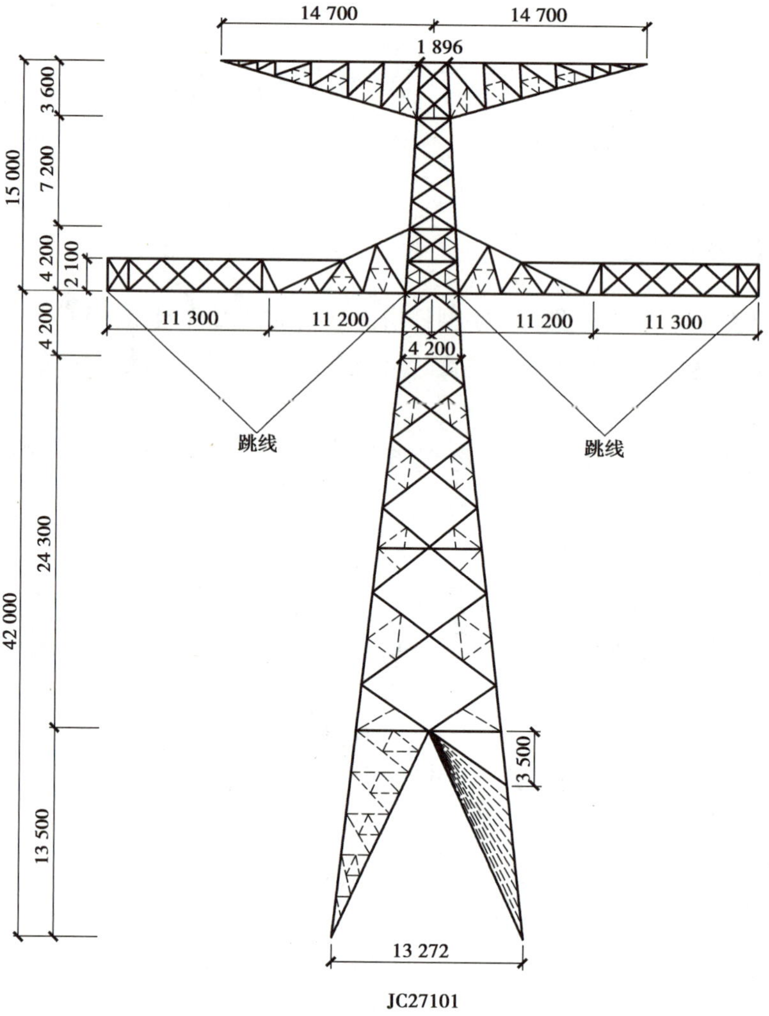

图 2-17　干字型塔示意图

2.5.2　导线结构型式

1)导线选择原则

导线是架空输电线路的主要元件之一,在架空输电线路建设投资中占有很大的比重。特高压架空输电线路分裂导线选型,除了要满足传送能量的要求外,还要满足电磁环境要求、机械安全特性要求,同时综合考虑初投资与全寿命周期成本。研究表明,电晕产生的无线电干扰和可听噪声对环境的影响,已经成为影响特高压输电线路导线结构型式选择的主要因素。

地线架设在导线上方,其主要作用是防止输电线路遭受雷击,要求机械强度高,具有一定的导电性和足够的热容量。特高压输电线路由于电压等级高、线路重要程度高，对地线防雷提出了更高的要求：

(1)特高压输电线路导线的结构形式

中国特高压输电线路已采用的导线有以下三种类型：

①钢芯铝绞线。其电气性能好，性价比高，运行经验丰富，在架空输电线路中得到大量应用。

②钢芯铝合金绞线。其电气性能较好，拉重比优于钢芯铝绞线，有一定的运行经验，在重冰区线路中得到大量应用。

③特强钢芯铝合金绞线。其电气性能较好，拉重比高，有一定的运行经验，在大跨越工程中得到大量应用。表 2-7 是中国已建特高压直流工程一般线路导线结构型式及相关参数。

表 2-7　中国已建特高压直流工程一般线路导线结构型式及相关参数

参　数	云广工程	向上工程	锦苏工程	哈郑工程
电压等级/kV	±800	±000	±000	±000
回路	单	单	单	单
导线铝截面积/mm²	630	720	900	1 000
分裂数	6	6	6	6
导线外径/mm	33.6	36.23	39.9～40.5	39.9～40.5
分裂圆直径/mm	900	900	900	1 000
分裂间距/mm	450	450	450	500

(2)特高压直流输电线路地线结构形式

从电网建设的经验来看，早期的地线普遍采用镀锌钢绞线，随着污染加重，降尘和酸雨是造成导地线腐蚀的主要原因，因此在经济比较发达地区，220 kV 以上电网已普遍更换成铝包钢绞线。

中国已建成的特高压输电线路采用双地线，多数为一根铝包钢绞线和一根 OPGW。

OPGW 主要有不锈钢管层绞式、中心铝管式和铝骨架式 3 种结构型式。由于层绞式不锈钢管型具有截面积小、与地线匹配性好、温升少、光纤余长大等优点，虽然其耐腐蚀性相对较差，但能够采用填充缆膏弥补的方式加以改进，因此在中国特高压工程线路上得到广泛应用。具体见表 2-8。

(3)导线型号及设计参数

特高压直流输电线路目前采用的导线型号有 ACSR-720/50 型钢芯铝绞线、AACSR-720/50 型钢芯铝合金绞线、JLHA1/G1A-800/55 型钢芯铝合金绞线、JL/G3A-900/40 型钢芯铝合金绞线、JL/G2A-900/75 型钢芯铝合金绞线、JL/G3A-1000/45 型钢芯铝合金绞线；每极采用六分裂结构，分裂间距为 450 mm 或 500 mm，子导线成正六边形排列，用六分裂阻尼式间隔棒固定。导线技术参数及使用情况详见表 2-9。

表 2-8　中国已建特高压直流工程一般线路地线结构型式及相关参数

参　数	云广工程	向上工程	锦苏工程	哈郑工程
电压等级/kV	±800	±800	±800	±800
配置	一地线，一 OPGW	一地线，一 OPGW	一地线，一 OPGW	一地线，一 OPGW
地线型号规格	LBGJ-180-20AC	LBGJ-180-20AC	LBGJ-180-20AC	LBGJ-180-20AC
地线外径/mm	17.5	17.5	17.5	15.75
OPGW 型号规格	OPGW-180	OPGW-180	OPGW-180	OPGW-150
OPGW 外径/mm	17.4	17.4	17.4	16.6

表 2-9　导线技术参数一览表

项　目	导线型号	ACSR-720/50	AACSR-720/50	JLHA1/G1A-800/55	JL/G3A-900/40	JL/G2A-900/75	JL/G3A-1000/45
结构股数×直径/mm	铝	45×4.53	45×4.53	45×4.80	72×3.99	84×3.69	72×4.21
	钢	7×3.02	7×3.02	7×3.20	7×2.66	7×3.69	7×2.8
截面/mm^2	铝	725.27	725.27	814.3	900.26	898.30	1 002.28
	钢	50.14	50.14	56.3	38.90	74.86	43.10
	总	775.41	775.41	870.60	939.16	973.16	1 045.38
直径/mm		36.24	36.24	38.4	39.9	40.6	42.08
弹性模量/$(N\cdot mm^{-2}\times 10^3)$		63.7	67.0	63.7	60.8	65.8	60.6
热膨胀系数/$(1/℃\times 10^{-6})$		20.8	21.1	20.8	21.5	20.5	21.5
计算重量/$(kg\cdot km^{-1})$		2 397.7	2 397.7	2 690.0	2 790.2	3 074.0	3 100.0
计算拉断力/kN		162.07	276.13	318.43	203.39	235.80	221.14
安全系数		2.50	2.50	3.36	2.50	2.50	2.50

2）导线排列

导线采用双极水平排列，绝缘子串为 V 串布置，最小极间距为 22 m，一般地区最小对地高度暂按 18 m 计算，极导线和地线布置尺寸详见图 2-18。

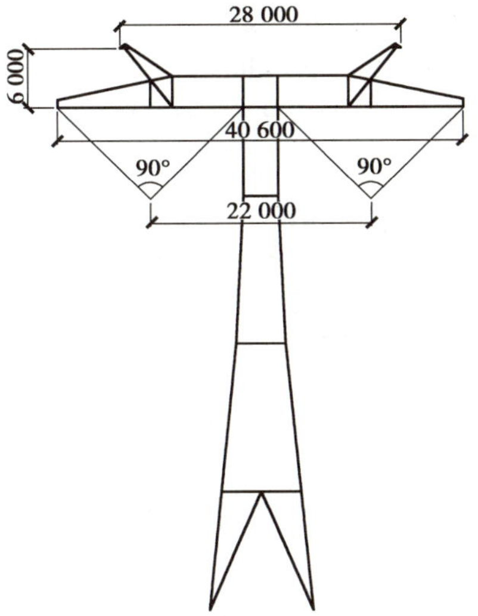

图 2-18　直线塔单线图示意图

3）子导线编号

以 ±800 kV 复奉线特高压直流输电线路为例（图 2-19），四川向家坝复龙换流站为线路的小号侧（送电侧），上海奉贤换流站线路的大号侧（受电侧），面向奉贤换流站区分线路的前后左右。

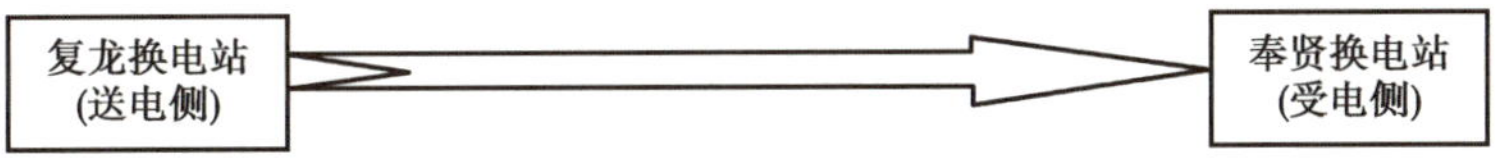

图 2-19　线路方向示意图

如图 2-20 所示，每极导线的六根子导线排列顺序为：面向奉贤换流站从左至右依次编为 1 号、2 号、3 号、4 号、5 号、6 号，安装时上相导线为 3 号、4 号，中相导线为 1 号、6 号，下相导线为 2 号、5 号。子导线排列为正六边形，子导线分裂间距为 450 mm。

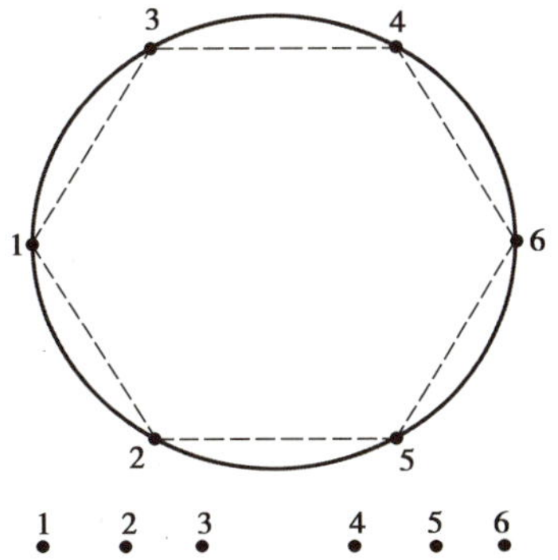

图 2-20　子导线排列及编号

2.5.3　绝缘子及金具结构型式

1）绝缘子及配置

（1）悬垂绝缘子串及跳线绝缘子

根据不同污染情况下绝缘子配置要求（表 2-10）以及重冰区不同绝缘子类型下对绝缘子片数要求（表 2-11），特高压直流线路悬垂串均采用 V 型绝缘子串（图 2-21），V 串夹角取 70 ~110°，15 mm 及以下冰区绝缘子采用复合绝缘子；绝缘子串型式有单联 240 kN、单联 300 kN、单联 420 kN、单联 550 kN、双联 240 kN、双联 300 kN、双联 420 kN、双联 550 kN；20 mm 及以上冰区采用盘式绝缘子，绝缘子串型式有单联 300 kN、单联 400 kN、单联 550 kN、双联

210 kN、双联 300 kN、双联 400 kN、双联 550 kN。对直线转角塔，采用 L 型绝缘子串。15 mm 及以下冰区绝缘子串联间距为 650 mm。20 mm 及以上冰区悬垂绝缘子串联间距为 800 mm。

表 2-10　悬垂复合绝缘子串配置表

污秽区	悬垂串				跳线串
	210 kN	300 kN	420 kN	550 kN	160 kN
轻污区	复合绝缘子(10.6 m)				复合绝缘子
中污区	复合绝缘子(10.6 m)				
重污区	复合绝缘子(11.5 m)				

表 2-11　重冰区悬垂盘式绝缘子串片数

污秽区	悬垂串				跳线串
	210 kN	300 kN	400 kN	550 kN	210 kN
轻污区(钟罩式)片数	69	61	61	52	69
中污区(三伞型)片数	71	64	63	60	71

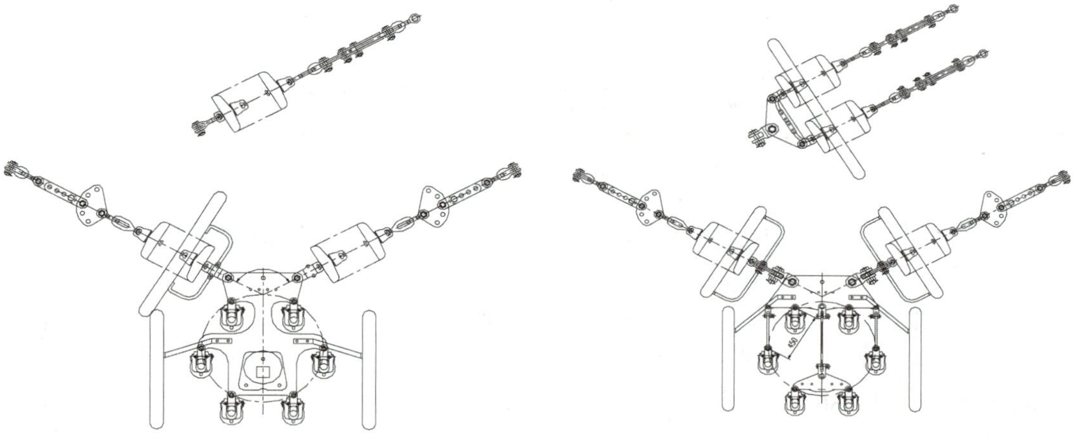

(a) 单联单支　　(b) 单联双支

图 2-21　悬垂绝缘子串示意图

耐张跳线串采用 160 kN 复合绝缘子成 V 型串；重冰区采用 210 kN 盘式绝缘子成 V 型串。

考虑到特高压线路的重要性，结合绝缘子自身特性(即脆断问题)，悬垂串使用复合绝缘子时采用双联，安全系数 3.0。

(2)耐张绝缘子串

耐张绝缘子串采用三联 400 kN 钟罩(或三伞)绝缘子成串(图 2-22)，30 mm 冰区采用三联 550 kN 钟罩(或三伞)绝缘子成串。耐张绝缘子串受力情况比悬垂绝缘子串严重，易于产生零值。耐张绝缘子串采用水平布置，自洁性能较悬垂绝缘子串要好。与悬垂绝缘子串取

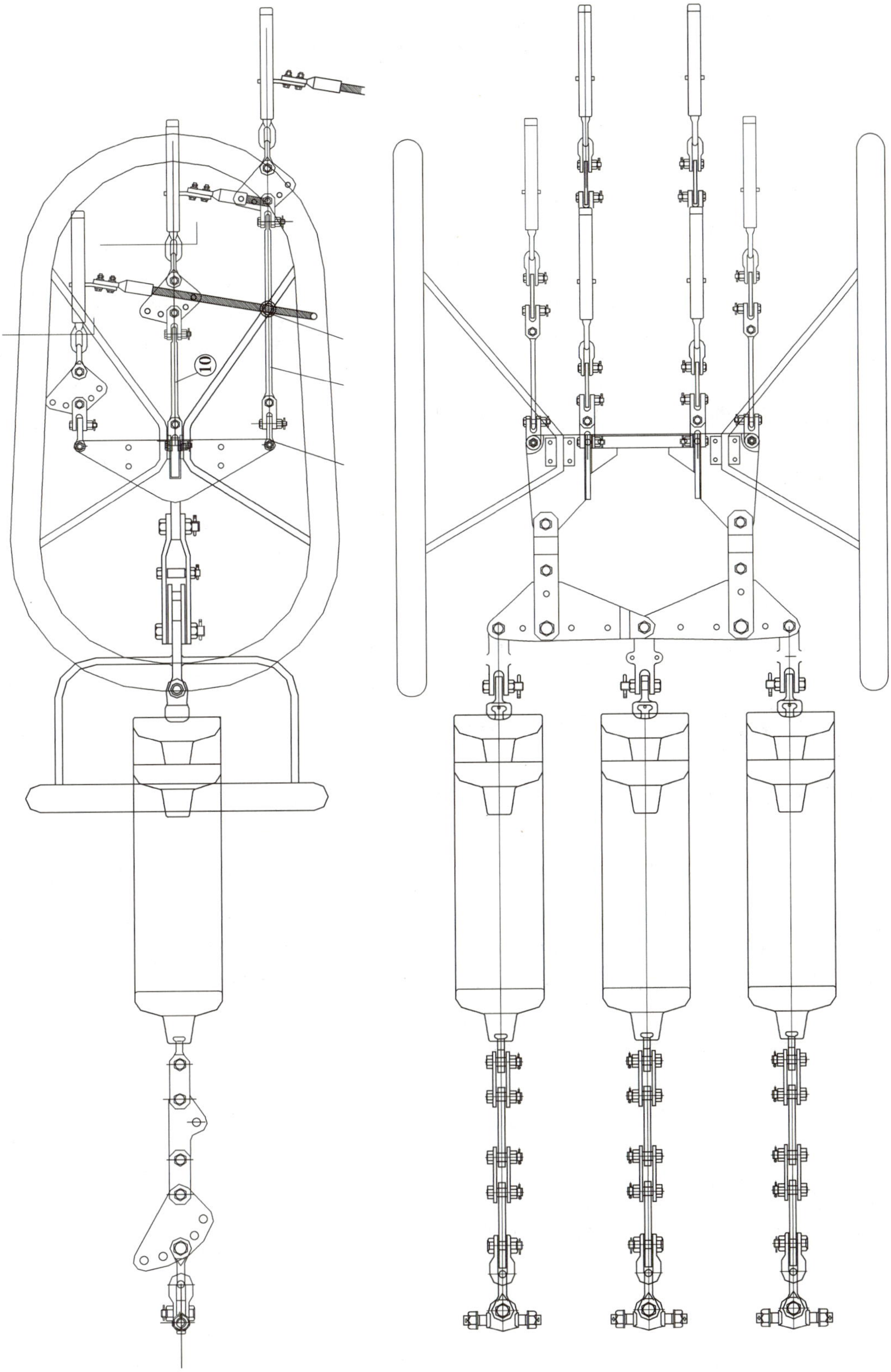

图2-22　三联串水平排列耐张串示意图

相同片数(表 2-12),耐张绝缘子串联间距为 1 000 mm。

表 2-12 耐张绝缘子串片数一览表

污秽区域		轻污区	中污区	重污区
20 mm 及以下冰区耐张串片数	400 kN	64	71	84
30 mm 冰区耐张串片数	550 kN	52	—	—

(3)绝缘子串和金具机械荷载

各种绝缘子串组装中,盘形悬式绝缘子的安全系数均能满足设计规程规定的最大使用荷载时为 2.7,断线时为 1.8,断联时为 1.5,常年荷载状态下为 4.0 的规定;金具的安全系数满足最大使用荷载时 2.5,断线、断联时 1.5 的规定。复合绝缘子的安全系数取最大使用荷载时的 3.0 倍以上,断线时和断联时安全系数分别达到 1.8 和 1.5。对悬垂绝缘子串承受的机械荷载,除考虑覆冰和自重引起垂直分量外,还要考虑风荷载和角度荷载引起的水平分量。

耐张绝缘子串的允许荷载均由线夹握着力控制,其强度与导线保持一致。

2)主要金具选择

(1)悬垂线夹

一般使用导线防晕型悬垂线夹,线夹采用提包式,分为 100 kN、150 kN、210 kN 三种破坏荷重,其中 20 mm 及以上冰区采用预绞丝式线夹。15 mm 及以下冰区下垂角为 25°,20 mm 及以上重冰区悬垂角为 20°,护线条采用鸭嘴型。

(2)耐张线夹及接续金具

从安全可靠角度出发,均采用液压型耐张线夹和接续金具。

(3)间隔棒

一般采用六分裂阻尼式导线间隔棒。分裂导线间隔棒应能抑制微风振动及次档距振荡,能防止不均匀覆冰或脱冰引起的相导线扭转。间隔棒应能承受安装、维修和运行(包括短路)条件下的机械负荷(表 2-13),任何部件不能损坏或出现永久性变形。在运行条件下,应避免间隔棒滑动引起导线损伤。间隔棒应能易于安装和拆卸,而毋需全部拆散。

表 2-13 间隔棒线夹基本要求一览表

项　目	要求值(不小于)
顺线握力	2.5 kN
扭握力	40 kN
线夹本体破坏载荷	6 kN
线夹间拉力、压力	6 kN

以复奉线为例,20 mm 及以下冰区导线采用 FJZ6-450/720 型节能型间隔棒,30 mm 冰区采用 FJZ6-450/720H 型间隔棒,采用不等距安装。10 mm 和 15 mm 冰区,档距 1 000 m 以

下最大平均次档距不大于 60 m，档距 1 000 m 及以上最大平均次档距不大于 55 m；20 mm 和 30 mm 重冰区，最大平均次档距不大于 55 m。

(4)防振金具

导线采用六分裂结构，并安装阻尼式间隔棒，已有相当的抗微风振动能力，因此一般档距下不考虑其他防振措施。为更好地保护导线，当档距大于 500 m 时，在档距两端每根导线加装 1 ~ 3 个防振锤；导线的防振锤采用预绞式防振锤或铰链式防振锤。重冰区导线采用预绞丝式线夹，因此不再安装防振锤。

导线防振锤的安装距离以线夹出口处为基准点，安装距离按线路不同有所不同，两个或两个以上的防振锤按等距离安装。

(5)挂点金具

由于挂点金具承受机械荷载较大，且易于受到磨损，因此选用时一般应考虑加强强度并有转动灵活的接点。直线塔的连塔金具采用 EB 挂板型式，耐张塔的连塔金具采用 GD 挂板型式。

(6)跳线

15 mm 及以下冰区采用管母型硬跳线，20 mm 及以上冰区采用笼式硬跳线；跳线串采用 V 型串。

3)塔头间隙

以往超高压输电线路设计时，对需要带电作业的杆塔，应考虑带电作业所需的安全空气间隙距离。由于带电作业的方式是灵活多样的，根据多年的设计及运行经验，在一般情况下不会也不宜因考虑带电作业而增大塔头尺寸。不过，在设计中应尽可能从塔头结构及构件布置上为带电作业创造方便条件。±800 kV 线路带电检修研究已有中国电力科学研究院通过试验得到相关成果。根据分析和试验结果，计算出满足带电作业危险率小于 1×10^{-5} 的最小安全距离，见表 2-14。我国 ±800 kV 复奉输电线路工程带电作业最小间隙取值为 6.8 m。

表 2-14　±800 kV 特高压输电线路塔头空气间隙一览表

位　置	线路中点		线路起点	
计算内容	危险率 /(1×10^{-6})	最小安全距离 /m	危险率 /(1×10^{-6})	最小安全距离 /m
地电位作业	5.49	6.9	6.05	5.8
等电位作业	5.49	6.8	8.8	5.7
等电位作业	9.04	6.9	4.71	5.9

第3章　特高压交流输电设备

3.1　特高压变压器

1）特高压变压器电压的特点

世界上能生产特高压变压器的国家不多。苏联的1 150 kV变压器均由乌克兰扎布罗热变压器厂（ZIR）生产，乌克兰扎布罗热变压器所（VIT）协助研制，提供给当时正在兴建的哈萨克斯坦新西伯利亚特高压输变电工程。日本于1996年开始在新榛名变电设备试验场进行最高电压为1 100 kV的带电考核试验，其3套主设备分别为东芝公司、三菱公司和日立公司的产品。意大利国家电力局在1980年与巴西、阿根廷和加拿大等国的公司共同参与了1 000 kV特高压输变电技术研究开发工作。兴建的特高压实验工程有两座联络变电站和20 km长的线路，其1 000 kV特高压变压器均由Ansaldo公司Milan变压器厂生产。

特高压变压器电压与普通变压器相比，有以下特点：

①容量很大，一般三相容量都在3 000 MVA以上；

②绝缘水平高，基准绝缘水平（雷电冲击绝缘水平）高，一般为1 950 ~ 2 250 kV或更高；

③由于容量大和绝缘水平高，其质量与体积必然很大；

④设计和制造时需要考虑运输的条件，一般为单相结构。

因此，特高压变压器的研制与750 kV和500 kV变压器相比存在很多不同。

2）特高压交流试验基地用特高压变压器结构

特高压交流试验基地的3台特高压变压器分别由特变电工沈阳变压器集团有限公司（简称沈变）、西安西电变压器有限责任公司（简称西变）和保定天威保变电器股份有限公司（简称保变）设计制造。这3台变压器在设计、结构上各不相同，具有很强的代表性。图3-1为特高压变压器的外观照片。

沈变设计制造的特高压变压器，铁芯为单相四柱式铁芯，采用优质高导磁、低损耗、晶粒取向冷轧硅钢片叠积。全斜接缝，粘带绑扎结构。两芯柱套绕组，高压绕组两柱串联，可以有效降低柱间工作电压。低压绕组两柱并联。绕组排布从内而外依次为A柱：铁芯—低压1绕组—高压1绕组；X柱：低压2绕组—高压2绕组—调压绕组。高压1绕组为纠结连续式，高压2绕组为连续式，低压两柱绕组均为连续式，采用自粘换位导线绕制，调压绕组为螺旋式。额定分接时，两柱各50%容量。两柱器身均采用整体套装结构，单个绕组和绕组组装采用恒压干燥淋油工艺。高压引线绝缘采用瑞士魏德曼产品，出线方向垂直于水平面。油箱采用钟罩式油箱。图3-2为沈变的特高压变压器绕组接线图。

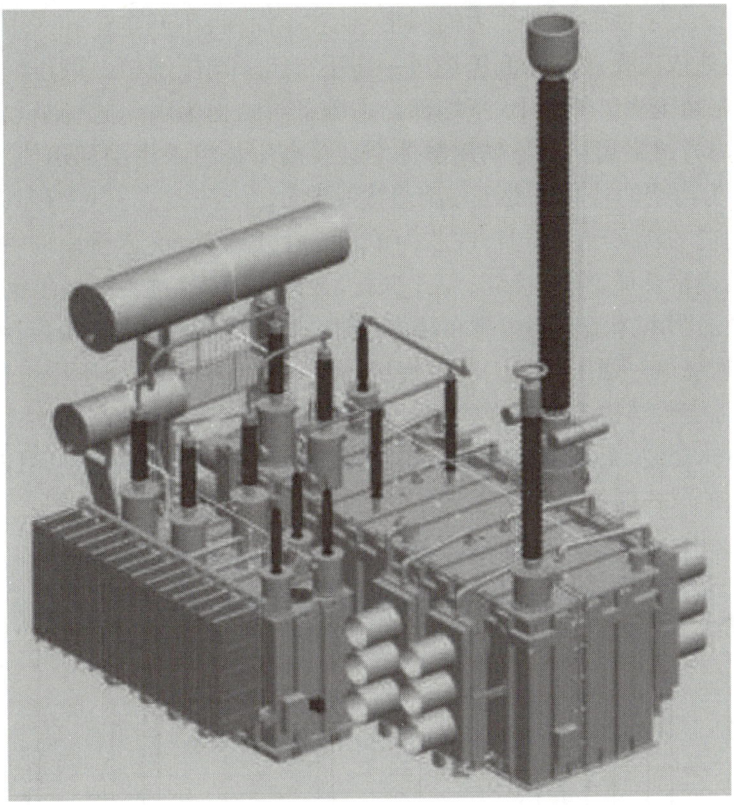

图3-1 特高压变压器的外观照片

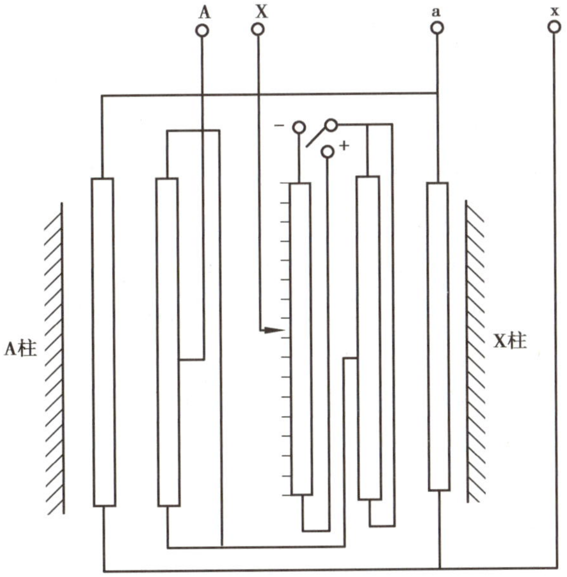

图3-2 沈变特高压变压器绕组接线图

西变设计制造的特高压变压器,铁芯为单相三柱式铁芯,铁芯片采用高质量、无老化、冷轧、晶粒取向、高导磁性、低损耗的优质硅钢片。铁芯采用全绕组接线图斜接缝,两片一叠,不叠上铁轭工艺。上下铁轭和旁柱为椭圆形,铁芯不涂漆,不开定位孔。中间芯柱套绕组,绕组排布从内而外依次为铁芯—低压绕组—高压绕组—调压绕组。调压绕组分上、下调压绕组,分别布置在高压绕组外侧上、下端部。高压绕组结构为纠结式,调压绕组结构为纠结式,低压绕组结构为螺旋式。器身采用整体套装。高压绕组采用中部出线。油箱采用钟罩式油箱。图 3-3 为西变的特高压变压器绕组接线图。

保变设计制造的特高压变压器,铁芯为单相三柱式铁芯,铁芯叠片采用优质、高导磁晶粒取向冷轧电工钢带叠成,全斜接缝,无孔绑扎,夹件为板式结构,用低磁钢带紧固铁扼,在芯柱级间台阶处加圆木撑条。绕组排布从内而外依次为主柱:铁芯—低压绕组—高压绕组;旁柱:旁柱—励磁绕组—调压绕组。励磁绕组与低压绕组并联。高压绕组结构为纠结—屏蔽—连续式,低压绕组结构为单螺旋式,调压绕组结构为双螺旋式,励磁绕组采用连续式结构。器身采用整体套装,主绝缘为薄纸筒小油隙结构。高压引线绝缘采用进口成型绝缘件结构。油箱采用钟罩式油箱。图 3-4 为保变的特高压变压器绕组接线图。

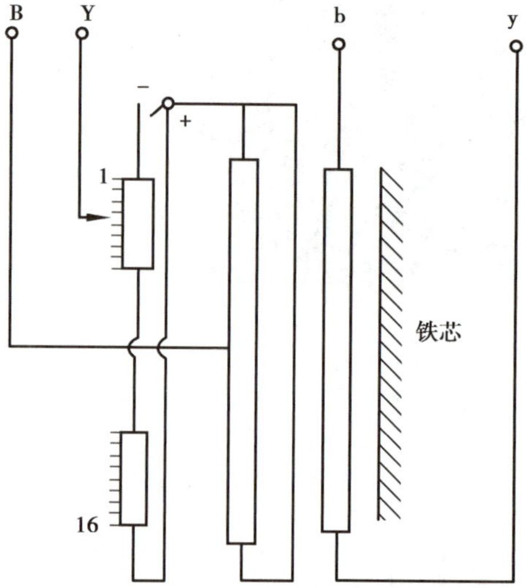

图 3-3　西变的特高压变压器绕组接线图

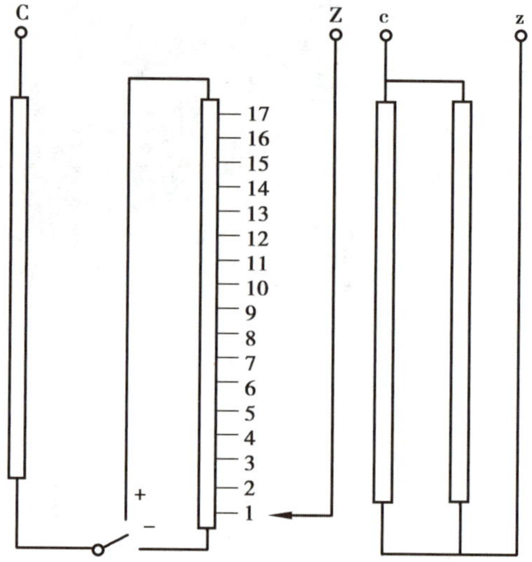

图 3-4　保变的特高压变压器绕组接线图

沈变的特高压变压器高压绕组采用双柱串联结构,有效降低了柱间工作电压,提高了雷电冲击沿面爬电强度。西变和保变的特高压变压器,结构上充分考虑了试验基地特高压变压器容量小的特点,采用三柱结构,铁芯尺寸小,仍能满足绝缘和冷却要求,而且结构简单;西变的调压绕组放在高压绕组外部,极限分接偏差较大。

3.2　特高压并联电抗器

3.2.1　特高压并联电抗器的作用及特点

特高压输电线路一般距离较长，能达到数百千米。技术上通常要求采用 8 分裂导线作为特高压电力能源传输的线路原材料，这就导致线路网络上的充电容性功率较大（几百兆乏）。过大的容性功率在通过网络系统中的感性配件时，会导致线路末端产生较大的电压。而这种线路末端电压过高的现象，称为“容升”现象。

并联电抗器是高电压远距离输电系统的重要设备，通常安装在变电站和开关站里。高压并联电抗器的型式均采用单相户外油浸式，间隙铁芯结构，三个单相联结成 Y 形，中性点一般都经中性点电抗器接地。在特高压系统装设高压并联电抗器的作用如下：

①降低工频电压升高；

②降低操作过电压；

③避免发电机带空长线出现自励过电压；

④有利于单相重合闸。

由于特高压输电线路电压等级高，线路电容产生的无功功率很大。对 100 km 的特高压线路，在额定电压为 1 000 kV 以及最高运行电压为1 100 kV的条件下，发出的无功功率可以达到 400 ~ 500 Mvar，约为 500 kV 的 5 倍。

在 500 kV 输电线路中，并联电抗器的典型单相容量为 40、50、60 和 70 Mvar，750 kV 系统中的典型单相容量是 100 Mvar 和 120 Mvar，而1 000 kV级特高压示范工程（晋东南—南阳—荆门）线路全长约 654 km，需采用的特高压并联电抗器配置为：晋东南变电站配置高压并联电抗器容量为 960 Mvar；晋东南—南阳线路南阳侧高压并联电抗器与南阳—荆门线路南阳侧高压并联电抗器容量相同，均为 720 Mvar；荆门变电站按 600 Mvar 配置。因此，特高压交流试验示范工程采用的高压并联电抗器的单相容量分别为 320、240 和 200 Mvar，其中单相 320 Mvar 应该是目前世界上并联电抗器单相容量之最。

特高压并联电抗器的主要特点：电压等级高、单相容量大、漏磁大、发热严重、噪声高等，这几个特点决定了特高压电抗器在绝缘结构和电磁设计方面与超高压并联电抗器的差异。

3.2.2　特高压并联电抗器的器身结构

高压、超高压并联电抗器的铁芯结构主要有芯式和壳式两种。国内生产的高压并联电抗器多为芯式结构。国内厂家在芯式高压并联电抗器的设计、制造方面有自己的独到之处，近些年来产品质量已优于进口产品。经过制造和运行经验、技术经济合理性方面的综合比较，我国特高压试验示范工程中的特高压并联电抗器同样采用芯式结构。500 kV 并联电抗器单台最大容量为 70 Mvar，其铁芯结构均采用单芯柱带两旁轭的结构，1 000 kV 并联电抗器采用两芯柱带两旁轭的铁心结构型式，如图 3-5 所示。

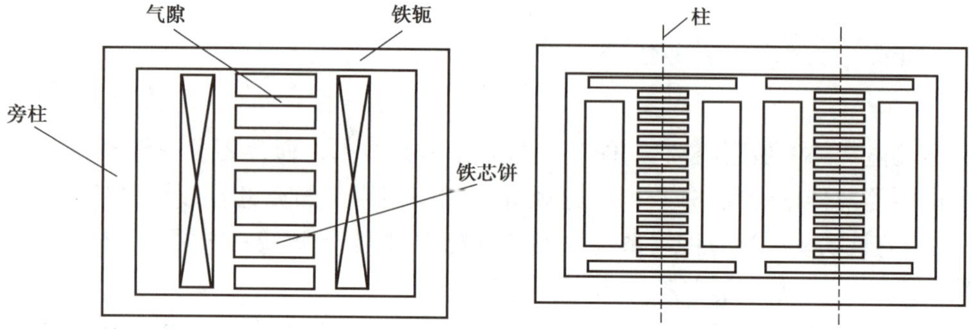

图 3-5　芯柱结构

我国的荆门变电站的特高压并联电抗器（200 Mvar）由特变电工衡阳变压器厂（简称特变衡阳）制造。该电抗器采用双器身串联结构，即在一个油箱内布置两个器身（大小不同），单个器身为单芯柱两旁柱结构，上下分支并联后双器身绕组再串联，1 100 kV 引出线采用直接出线方式，如图 3-6 至图 3-8 所示。

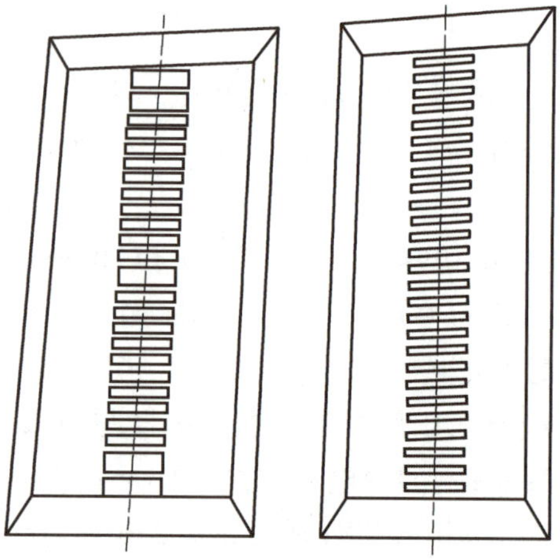

图 3-6　双器身结构

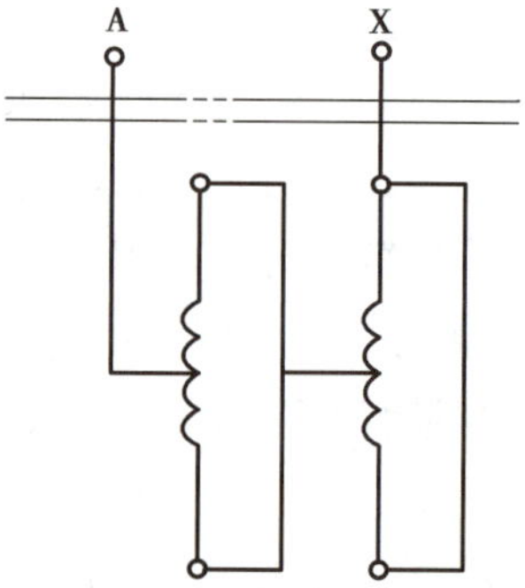

图 3-7　绕组联结示意图

3.2.3　特高压并联电抗器的发展方向

在特高压电网不同的发展时期，特高压输电线路传输的功率有较大差别，因此无功功率的变化也很不一样。特高压电网在建设初期，主要是实现点对点的电能输送，受系统阻抗特性及稳定极限的限制，输送功率将小于线路的自然功率，线路发出的容性无功功率过剩。随着特高压电网的进一步建设，特高压电网将实现各区域电网的互联，电网的输送功率将有很大提高；而且，为了充分利用各区域电网的发电资源，实现水火电互济和更大范围内的资源优化配置，特高压电网的输送功率将随时变化，因此输电线路的无功功率也将频繁变化。

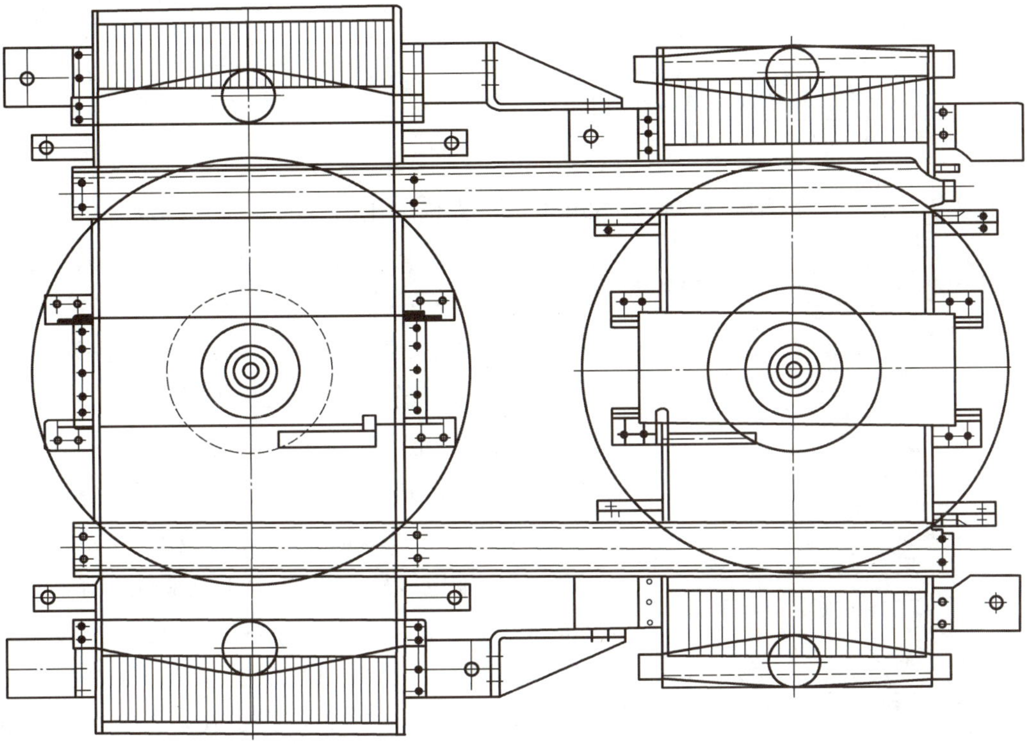

图 3-8　器身排布方式

随着特高压电网的进一步发展，特高压线路无功的补偿度也应该随负荷变化而进行调整，否则它将使线路损耗增大造成受端电压过低，影响特高压线路的输电能力，使其达不到设计值。所以，理想的高压并联电抗器是可以随着线路潮流和电压自动调节电抗值的可控电抗器，这也是未来特高压电抗器的发展方向之一。

至今，国外已有可控并联电抗器在超高压电网运行，如苏联有 500 kV 可控电抗器（MCSR）挂网运行。2001 年，根据俄罗斯技术生产的 400 kV 变压器式可控电抗器在印度投入运行，至今运行情况良好。我国也有 500 kV 可控电抗器投入试运行（山西沂州和湖北荆州）。

伴随着我国特高压工程的发展，我国的高压并联电抗器制造技术已走到了世界的前列。相信在未来数年里，经过科研人员的不懈努力，超高压、特高压可控并联电抗器制造技术会取得良好的进展。

3.3 特高压电容式电压互感器

3.3.1 特高压标准电压互感器概述

作为电力系统用来测量、计量，并为继电保护提供电压信号的电压互感器是电力系统中不可缺少的设备。近年来，电子式互感器、光电式互感器等新型互感器的研发取得了很大的发展，但其技术还不成熟，性能不稳定，受环境因素影响大。而电容式电压互感器(CVT)以其性能优良、成本低廉等优势，在输电系统中得到广泛应用，其设计及制造技术已非常成熟。百万伏级CVT研制易于实现，技术风险小，研发费用低。因此，现阶段在百万伏级交流特高压输电线路中采用CVT是最佳选择。国内外800 kV电压等级的CVT都有成熟的制造技术和运行经验；进行过1 000 kV等级交流输电研究的有苏联、美国、日本、意大利等国，但仅有苏联进行过5年左右的商业运行，CVT运行情况良好，后已降至500 kV电压等级运行。

图 3-9　我国 500 kV 电磁式标准电压互感器

2002年，武汉高压研究院(WHVRI)和山东泰开电气集团(TEGC)研制的0.01级500 kV电磁式标准电压互感器(图3-9)，测量不确定度达到了2×10^{-5}，并于2006年初正式作为我国500 kV工频电压比例标准的工作标准用于量值传递，使我国工频电压比例标准达到世界发达国家水平。2004年，WHVRI和TEGC研制出三种结构的765 kV标准电压互感器，其中单级结构0.01级765 kV电磁式标准电压互感器的测量不确定度约为2.5×10^{-5}，从而使我国工频电压比例标准走在世界前列。同时，765 kV标准电压互感器的电压上限值($1.2U$)达到了1 000 kV额定电压的92%。

欧洲、日本和美国等发达国家或地区的超高压工频电压比例标准装置有两种类型，一种是电容式工频电压比例标准装置，另一种是电磁式工频电压比例标准装置。电容式工频电压比例标准装置又分两类，一种是由高压标准电容器和精密比较仪电桥构成，另一种是由电容分压器和电位跟踪器组合而成。20世纪60年代，加拿大国家研究院(NRC)的电容式工频电压标准和美国的500 kV电磁式工频电压比例标准进行比对的偏差为2×10^{-5}；1976年，联邦德国国家物理技术研究院（PTB）研制出电压系数接近于零的 420 kV 标准电容器；1978 年，加拿大 NRC 研制的 500 kV 标准电容器的电压系数也接近于零。20 世纪后期，美国、加拿大、德国和日本等发达国家的工频电压比例标准在 500 kV 的测量不确定度基本上达到了 2×10^{-5}的水平。目前，NRC 也研制出串级式 765 kV 标准电压互感器，但是测量不确定度水平低于我国。2004 年在上海，通过间接方式，我国的 500 kV 电磁式标准电压互感器与德国研制的 0.01 级 500 kV 标准电压互感器进行了比对，两国的 500 kV 工频电压比例标准的量值传递产生的偏差仅为 2×10^{-5}。

但是，在更高的电压等级，特别是 1 000 kV 电压等级，国际上还没有研制出 1 000 kV 电磁式标准电压互感器的报道。WHVRI 和 TEGC 于 2004 年研制的三种不同结构的 765 kV 标准电压互感器至今使用良好，为设计和研制 1 000 kV 电磁式标准电压互感器奠定了理论和实践基础。

3.3.2　电容式电压互感器原理

电容式电压互感器主要由电容单元和电磁单元两部分组成，其并联在线路上，先通过电容分压得到 10 ~ 20 kV 的电压，然后再经过电磁单元变换成所需的检测电压。电容分压器由瓷套和装在其中的若干串联电容器组成，瓷套内充满着绝缘油，并用钢制波纹管来将油压保持在 0.1 MPa；电磁单元由装在密封油箱内的变压器、补偿电抗器、避雷器和阻尼装置组成，油箱顶部的空间充氮。

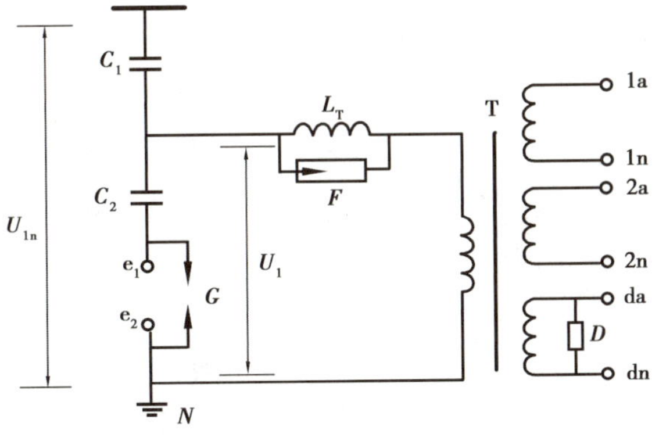

图 3-10　电容式电压互感器基本原理图

CVT 的结构原理如图 3-10 所示，其主要分为以下几个部分。

分压电容器 C_1、C_2：用于将一次系统高压进行分压，取得较为合理的中间电压，假定输入端电压为 U_{1n}，则分压得到的中间电压 U_1 为：

$$U_1 = \frac{C_1}{C_1 + C_2}U_{1n}$$

通过选择合理的电容值,即可获得需要的中间电压。采用电容分压可以使电压分布比较均匀,从而提高了介质的耐压强度,使 CVT 的绝缘性能增强。

中间变压器 T:将中间电压按变比变换为低电压,便于测量。

补偿电抗器 L_T:使工频下电容分压器的等效电容与补偿电抗器发生串联谐振,以使测量结果不受负荷变化影响;而且可以减小电容式电压互感器自身的阻抗,提高其带负载能力和测量精度。

测量用二次绕组端子 $1_a \sim 1_n$:主要用于稳态测量,接额定负载和测量仪器。

计量用二次绕组端子 $2_a \sim 2_n$。

保护用二次绕组端子 $d_a \sim d_n$:接有阻尼绕组 D,抑制铁磁谐振和谐振过电压。

电磁单元端子 $e_1 \sim e_2$:接入耦合载波装置,此时的分压电容用作耦合电容在继电保护载波通信中使用。

放电间隙 G:在分压电容作为耦合电容时对载波回路起到电压保护的作用。

避雷器 F:保护装置。

3.3.3 CVT 常见故障分析

电容式电压互感器由电容分压器和电磁单元两部分组成,兼顾电压互感器和耦合电容器两种设备功能,所以故障发生率也会相对较高。由于设计水平、工艺水平、原材料和环境因素等的影响,CVT 存在的隐患还是较多的。近年来,电容式电压互感器常见的故障主要如下:

1) 分压电容故障

电容式电压互感器电容故障主要是由于分压电容发生短路击穿、电压互感器内部受潮导致电容故障等。电容式电压互感器内部电容是由许多小电容串联组成的,由于系统发生铁磁谐振或者厂家设备质量问题等,其中一部分小电容会发生击穿,若测量其电容量发现其电容值明显超标,则说明内部出现了电容击穿。

2) 中间变压器故障

中间变压器一次线圈高压引线为普通塑料外皮多股铜线,与外壳之间为绝缘油,若引线过长,则其外皮可能在高压作用下击穿,引线与外壳相接将会导致中间变压器一次线圈高压引线接地。

中间变压器的二次回路也可能由于二次控制线绝缘层或者其他原因造成二次回路短路接地。发生接地短路后,根据电压互感器采用星型接地的特点,星型接线的电压互感器的中性点电压发生位移,从而造成三相相电压不平衡,进而引起测量电压的差异。

3) 避雷器故障

高压线圈接触不良可能引发过电压,造成避雷器绝缘击穿,避雷器自身也可能发生故障导致电压互感器无法正常运行。

3.4　特高压电流互感器

3.4.1　高压电流互感器简介

我国 1 000 kV 交流特高压试验示范工程没有选择类似苏联的独立结构电流互感器（TA），而是在 GIS 套管、断路器端部和变压器套管上套装环形 TA 绕组。日本新榛名变电站 1 000 kV GIS 使用的 TA 是套装在断路器端部的罐体上，如图 4-1 所示。

苏联采用传统结构的 TA，用三级串联方式解决绝缘问题。理论上，每级承担 1/3 的耐受电压。这种结构的暂态特性不好。用于暂态特性的 TA 绕组经过三级串联，增大了二次回路时间常数。对系统时间常数较大的特高压电网，三级串联结构暂态 TA 绕组误差特性不如单级式的。如果用于系统对地短路差动保护，动作整定时间要延长，否则可能发生误动作。

如图 3-11 所示，日本 1 000 kV GIS 采用套装式 TA 绕组，一种是铁芯绕组，0.2 级用于电能计量和测量；另一种是空芯绕组，主要考核暂态误差，计划用于系统保护。由于日本 1 000 kV GIS 没有真正投入使用，用于保护的空心绕组性能没有考核方法。

图 3-11　日本 1 000 kVGIS 套装 TA 绕组

3.4.2 铁芯材料对特高压TA测量精度的影响

1）剩磁的产生

电网（线路）的切合操作存在过渡过程，过渡过程的时间与线路容量及各参数有关。220 kV枢纽站和500 kV变电站的时间常数达80～120 ms，有的大型发电机组的时间常数甚至超过200 ms。系统投合或短路故障之后，计量用TA铁芯（包括保护用闭合式铁芯绕组，如P级TA）可能残留剩磁。铁芯剩磁的出现，使正常条件下的TA基本误差特性发生变化。系统一次时间常数越大，投合过程导致铁芯残留剩磁的现象越严重。

TA铁芯残留剩磁时，会导致原有的磁滞回线发生偏移。图3-12中虚线部分表示剩磁造成的磁滞曲线向上偏移。

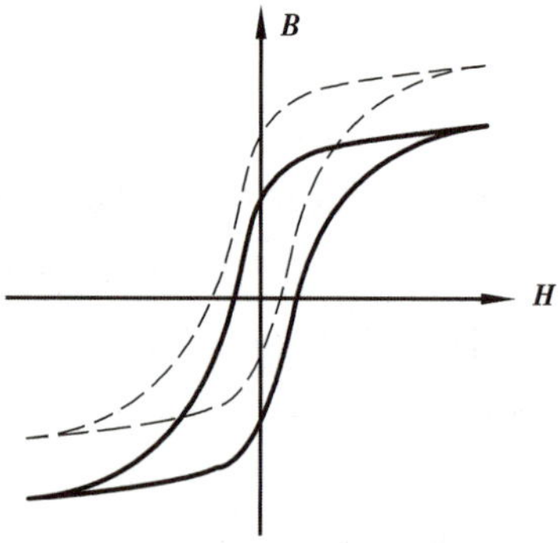

图3-12 剩磁导致磁滞曲线偏移

铁芯剩磁B_r的存在使二次回路电流发生畸变。剩磁的大小（幅值）与一次回路直流分量大小有关，同时剩磁的幅值还具有随机性。TA例行试验和交接试验时，如果先进行直流电阻测量、后进行基本误差检测，直流电阻测量产生的直流磁场也会使TA铁芯残留剩磁B，导致基本误差曲线偏移，严重时会出现超差现象。

保护级TA残留较大剩磁会导致继电保护误动作，因此采取增大铁芯截面积、铁芯开口留气隙等手段加以限值。同样，剩磁B_r对计量用TA误差特性也有较大影响，这一点往往容易被忽略。

从误差特性设计考虑，计量用TA铁芯的工作磁密B，取得较低，如冷轧硅钢片材料额定磁密一般取0.1～0.2T。正常的工作条件下，一次电流在铁芯中建立的工作磁密B_n不足以起到退磁作用，因为剩磁可能远远高于工作磁密。退磁仅适合试验室用TA（标准TA），电力工程用TA的退磁是没有意义的。

2）解决剩磁影响的方法

试验室用TA（亦称标准TA）的使用情况与电网（线路）用TA不同，不存在瞬间投入产生的过渡（暂态）电流情况，一次电流是缓慢升高的。即使如此，也会发生TA存在剩磁的情况。这时，往往采用开路（或接大负荷）对试品进行退磁。但电力计量收费TA的工作情况不可能退磁，也不允许退磁，因为检测条件应与实际情况相符合。实际上，人们早就发现TA存在剩磁影响，只是重点放在电力系统安全运行方面，对于保护用TA采取铁芯开口（增加铁芯气隙）的方法来处理剩磁影响，以使误差满足10%的要求。实验也发现，对于0.5级或1级测量或计量（收费）用TA，剩磁影响程度约0.2%，可以忽略。随着计量对互感器准确级提高的要求，0.2级或0.1级TA就不得不考虑其影响。

理论和实验表明，采用磁滞回线（面积）小的材料有助于减少剩磁对误差的影响，如采用非晶态、超微晶、坡莫合金材料替代硅钢片。但是，非晶态、超微晶材料极其脆弱，在电磁力作用下（如系统投合产生的冲击电流、系统短路电流），非晶态、超微晶材料磁导率会下降；运输振动也会导致非晶态、超微晶材料特性发生变化。有的 500 kV GIS 交接试验发现，这种材料制作的 TA 接近 100% 时的误差曲线开始超差。在 35 kV 配电网中也发现，如果附近有无功补偿装置的计量用 TA，其误差特性容易发生偏移，曾经有误差曲线偏移超过 20% 的案例。

3.4.3　新型电子式互感器概述

1）新型电子式互感器优点分析

新型电流互感器，多应用于工业行业、技术领域行业以及数字化变电站的建设，为高压电能、电压测试调用的专业产品。在传统阶段，通常要进行一次、二次的光纤测试，所采用的互感器为早期的"光电式互感器"。直至 2002 年，根据行业的发展，IEC 颁布了最新的 IEC60044-7 及 IEC60044-8 标准，提出了全新的技术规范要求，从而奠定了电子式互感器的应用与发展。根据技术标准，EVT 采用电阻、电容这两大分压器，或利用光学装置来进行置换，使光纤进入传输系统，加大信号的输送能力，从而使电压实现智能化输出。与传统电流互感器相比，新型电子式互感器具有以下优点。

①绝缘性较佳，绝缘结构简单，其制造成本与电压等级的相关，电压设置越高，成本就越高，反之即越低。在不含铁芯的电子式互感器设计中，它解决了传统阶段出现的磁饱和、铁磁谐振等弊端。

②电子式互感器的高、低压两侧，采用抗干扰设计，仅由光纤联系，同时其低压侧的输出为弱电信号，不会有电磁影响，且不会出现高压危险。

③能进行动态测量，准确度较佳，具有较强的测量效果，范围较广，电流感应能力较强。

④具有设计轻便、不易燃、不易爆等优点，通常其质量较轻，形制较小，方便携带，且有防干扰、防漏洞等方面的案例保障。如美国西屋公司所设计的（OCT）345 kV，其高度和质量各为 2.7 m 和 109 kg，不仅组装方便，也具有较强安全性。

⑤可实现智能化功能，与计算机、多媒体连接，有较大电容，可实现数字化输送，引领自动化、科学化、智能化管理的潮流。

2）新型电子式互感器在我国的应用及发展前景探讨

电子式互感器（EVT）主要分为无源式、有源式这两大主要种类。无源式 EVT，较为方便、实用，测试效率也较为精确，因此，它在市场上的应用率也较高。有源式 EVT，需要在特定、稳定的环境之下，才能发挥它的最佳测试优势。同时它具有测量结果不稳定的副作用，因此，其应用率也相对较少。另外，有源式 ECT 主要是利用传感头来引入一次性电能，从而弥补了早期的电磁式电流互感器、分流器以及 Rogowski 线圈等性能与测试方面的不足。但目前为止，它的市场应用率仍然不及无源式 EVT 广泛。

我国对电子式互感器的研究与应用，大约起步于 20 世纪 90 年代。发展至今，电子式互感器对我国工业行业、技术行业，尤其是数字发电站的建设发展，有极大的贡献作用。但是，无论从技术、光学分压等原理方面，我国仍不达到国际水准，因此，在此方面，仍要进一步加大技术研发力度，只有这样，才能促进它在我国的广泛应用。

3.5 交流特高压避雷器

3.5.1 避雷器发展简介

我国电力系统用避雷器发展至今大体经历了四个阶段，即羊角间隙、管式避雷器、碳化硅避雷器和金属氧化物避雷器（简称 MOA）。其中，国内主流的 MOA 技术于 20 世纪 80 年代初从日本日立公司引进，经过二十多年的优化和自行研究，目前已具有了相当水平，至少在十多年以前 MOA 就已经在电力系统中占据了绝对优势，同时也促成了碳化硅避雷器退出市场。

国内特高压避雷器技术成熟，西电公司、抚瓷、廊坊、南阳等企业具有制造 1 000 kV 避雷器的能力和经验，目前已实现国内供货（图 3-13）。

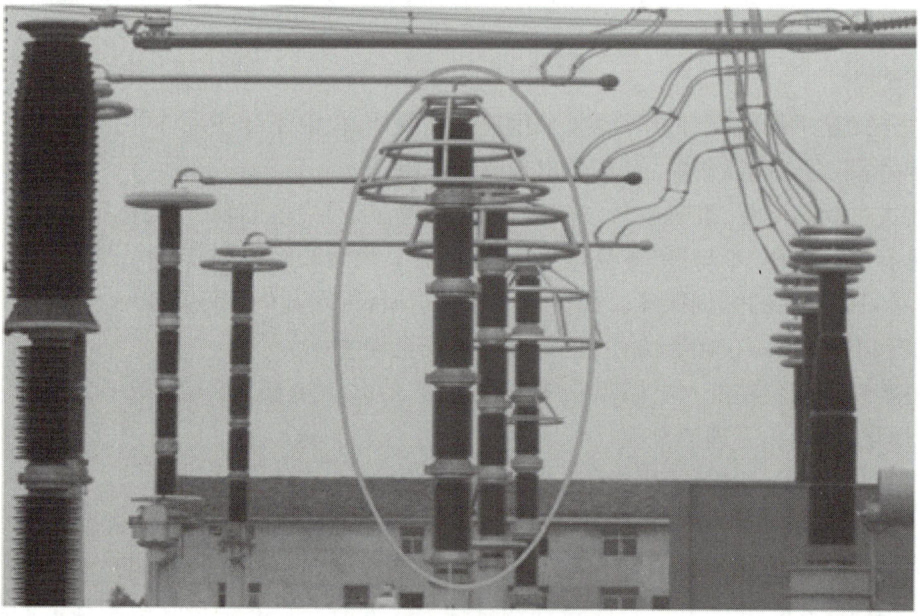

图 3-13　特高压避雷器

3.5.2　避雷器的作用及工作原理

1) 避雷器的作用

避雷器是普遍采用的入侵波保护装置，也是应用最广泛的过电压限制器，其实质是过电压能量的吸收器。它与被保护设备并联运行，当作用电压超过一定幅值后，避雷器总是先动作，通过它自身泄放掉大量的能量，限制过电压，保护电气设备。避雷器放电后，避雷器两端的过电压消失，系统正常运行电压又继续作用在避雷器两端，在这一正常运行电压作用下，处于导通状态的避雷器中继续流过工频接地电流，该电流称为工频电流，它以电弧放电的形式出现。工频续流的存在，使相导线对地的短路状态继续维持，系统无法恢复正常运行。

作为过电压保护装置，当电网电压升高达到避雷器规定的动作电压时，避雷器动作，释放电压负荷，将电网电压升高的幅值限制在一定水平之下，从而保护设备绝缘所能承受的水平。现代避雷器除了限制雷电过电压外，还能限制一部分操作过电压，因此称之为过电压限制器则更为确切。

2) 避雷器的工作原理

避雷器设置在与被保护设备对地并联的位置，如图 3-14 所示。各种避雷器均有一个共同的特性，即在高电压作用下呈现低阻状态，而在低电压作用下呈现高阻状态。在发生雷击时，当雷电波过电压沿线路传输到避雷器安装点后，由于这时作用于避雷器上的电压很高，避雷器将动作，并呈低阻状态，从而限制过电压，同时将过电压引起的大电流泄放入地，使与之并联的设备免遭过电压的损害。雷电侵入波消失后，线路又恢复了常传输的工频电压，这一工频电压相对雷电侵入波过电压来说是低的，于是避雷器将转变为高阻状态，接近于开路，此时避雷器的存在将不会对线路上正常工频电压的传输产生影响。

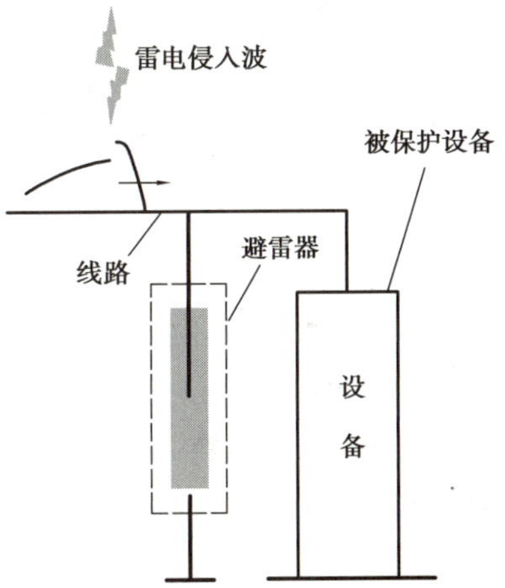

图 3-14　避雷器的工作原理

3.5.3　交流特高压避雷器的结构特点

交流特高压避雷器的结构既有与超高压避雷器相似的方面，也有其独特的结构特点，其独特的方面表现在：保护水平更低、通流容量极大、多柱并联结构、抗地震强度问题突出、电位分布问题需重点关注、污秽问题不确定因素更多、外绝缘要求高等。

1）整体结构

交流特高压避雷器的整体结构为直立式，共包括4个或5个电气元件。每个避雷器基本上由接线板、均压环、避雷器元件、绝缘底座、场强屏蔽环（电极）等部分组成。其突出特点是高度高、直径大、质量大等。根据目前的设计，交流特高压避雷器高度均在12 m以上，外套最大伞径达到750～890 mm，总重可达100 kN以上。

特高压避雷器通常采用支架式安装，支架高度约为4～6 m。图3-15是在进行外绝缘试验的1 000 kV交流无间隙金属氧化物避雷器。

图3-15　1 000 kV交流无间隙化物避雷器

2）芯体结构

避雷器的芯体由电阻片、支撑绝缘杆、均压电容、金属固定件和隔弧筒等部分组成。

目前，750 kV及以下电压等级的避雷器均采用单柱结构，但是由于极低的保护水平和极高的通流容量，交流特高压避雷器必须采用四柱结构方可满足要求。电阻片的固定通常采用特殊设计的绝缘杆和固定电极来实现。为了能同时取得满意的电流分布特性和可靠的机械强度特性，一般情况下每隔一定数量的电阻片会装一个电气连接板。为了获得满意的电压分布特性，除了采取合适的均压环外，还须在电阻片旁并联适当数量和容量的均压电容柱，具体数量和数值通过电压分布计算和试验获得。在电阻片柱和瓷套之间有时会加装隔弧筒，其目的是使避雷器获得更好的防爆能力。

3.5.4　交流无间隙避雷器的主要性能

无间隙金属氧化物避雷器的特性可分为保护特性和运行特性。

避雷器的保护特性是输变电设备绝缘配合的基础。改善避雷器的保护特性，可以提高被保护设备的运行安全可靠性，且可以降低绝缘水平，尤其是对于特高压等级，其经济效益是非常显著的。

避雷器的保护特性仅由保护水平决定。避雷器的运行特性包括动作负载稳定性和运行寿命特性等(长持续时间运行电压下的寿命及各种过电压下的寿命)。避雷器不仅要有可靠的保护特性,而且还应保证避雷器正确地动作,并成为系统的可靠部分。

1)持续运行电压

持续运行电压是能持续施加在避雷器端子间的工频电压最大允许值,一般相当于额定电压的75%~80%,特高压避雷器的持续运行电压约为额定电压的77%。由于污秽、相间耦合、邻近效应及本体均压效果不好等原因,避雷器的电阻片柱在此电压下电位分布不均匀,电阻片发生老化,泄漏电流增大,损耗增加,甚至引起避雷器的热崩溃。

避雷器的持续运行电压峰值必须大于系统运行电压峰值。系统运行电压峰值由与系统最高运行电压相应的工频电压和可能的谐波决定,工频电压的安全系数一般约为1.05。

2)额定电压

避雷器的额定电压是施加到避雷器端子间的最大允许工频电压有效值,按此电压设计的避雷器能在动作负载试验中所建立的暂时过电压条件下正确地动作。正如标准中所定义的那样,避雷器的额定电压即为在动作负载试验中用于大电流和长线放电后施加10 s时间所对应的工频电压。它是建立避雷器工频电压-时间特性和定义线路放电试验要求的参考参数,也是表明避雷器运行特性的重要参数。

3)标称放电电流

标称放电电流用于划分避雷器等级,具有8/20波形的雷电冲击电流峰值。它是表示避雷器保护特性和能量吸收能力的主要参数。特高压避雷器的标称放电电流为20 kA。

通过避雷器的雷电流与避雷器所在地区的雷电日水平、雷电频度、线路防雷设计、变电站的设备布置以及变电站所处的地形等许多因素有关。

4)避雷器的保护水平

避雷器的雷电冲击保护水平是在标称放电电流下(8/20)的最大残压和陡波电流下(1/10)的最大残压值除以1.15,取其中较大者,它应用于保护设备免受陡波前过电压。

避雷器的操作冲击保护水平是在规定的操作冲击放电电流下(30/80)的最大残压,它应用于保护设备免受缓波前过电压。

对于金属氧化物避雷器陡波前过电压的保护特性,必须考虑如陡波电流冲击(1/10)所试验的电阻片导电机理中的放电时延和避雷器本体固有电感的影响。

5)大电流冲击耐受能力

具有4/10波形的雷电冲击电流峰值用于试验避雷器耐受直击雷或近区雷击时的能力,以及产品在电、机、热方面的稳定性。

对于电压范围Ⅱ的避雷器而言,标准要求的大电流冲击耐受能力为100 kA,特高压避雷器由于采用了四柱并联结构,为便于全面控制电阻片质量提出每一柱均需耐受100 kA的大电流冲击,因此避雷器的大电流冲击耐受能力为4×100 kA。

6)长持续时间电流冲击耐受能力

长持续时间电流冲击分为方波电流冲击和线路放电两类。方波电流冲击耐受能力通常用电流幅值来表述,其持续时间规定为 2 ms。线路放电则用放电等级来表述,等级越高表明能量吸收能力越强。

避雷器限制操作过电压是依靠吸收操作过电压的能量而达到的。

能量大小与预期的操作过电压幅值、波形、系统参数和配置、避雷器的伏安特性、动作次数有关。避雷器必须能够吸收电力系统中操作过电压的能量。

3.6 高压套管

3.6.1 特高压套管概述

在我国,特高压电力系统是指电压等级在交流 1 000 kV 及以上,直流 ±800 kV 及以上的电力系统。套管是变压器的重要组件之一,其作用是把变压器的高、低压绕组的引线分别引到油箱的外部。套管不但起着引线对地的绝缘作用,而且还起着固定引线的作用,运行中的变压器要长期承受工作电压、负荷电流以及在故障中出现的短时过电压、大电流的作用。特高压套管结构复杂,形状特点是"重、长、粗",要求必须具有良好的热稳定性,并能承受短路时的瞬间过热;必须具有高电气绝缘可靠性和高机械性能;必须具有可靠的密封性能。

目前全世界能生产特高压套管的厂家有意大利 P&V、日本 NGK、瑞士 ABB、英国传奇、乌克兰扎布罗热变压器研究所(VIT)、中国西安西电高压电瓷有限责任公司、抚顺传奇套管有限公司等少数几家公司。从套管的用途上看,可以将特高压套管分为变压器套管、电抗器套管与 GIS 套管。

近年来,抚瓷、南通神马的外套制造技术有长足进展。南通神马已自筹资金,订购了特高压合成套的生产设备。抚瓷在对窑炉等主要生产设备进行改造后,具备研制特高压套管瓷套的能力。对瓷外套而言,研制关键是长度超过 10 m、直径约 1.3 m 大瓷套的烧结与机械强度控制;对合成套而言,难点是长期电气、机械性能的保证与粘接界面的处理。

日本 NGK 公司 20 世纪 70 年代中期就开始了 1 000 kV GIS 用套管的瓷套研制,并于 1981 年研制出第一台样机。样机由 16 节套管粘接而成,总高度 12 m,臂厚 70mm,底部内径 1 200 mm,最大外径 1 540 mm,总质量 10 t。瓷套管内部安装均压屏蔽、导电杆等部件,然后装配到套管基座上,套上均压环,就构成了完整的套管。1 000 kV GIS 用套管也可用于罐式断路器及 HGIS 出线。

尽管硅橡胶复合型瓷套电气性能、机械性能比电瓷瓷套要优越,制造工艺相对简单,制造成本也低廉,但是抗紫外线老化能力不如电瓷瓷套好,日本 1 000 kV GIS 用套管选择了电瓷式瓷套。我国 1 000 kV 交流特高压工程在 GIS 套管结构选择上有不同意见,因此工程上既有电瓷式瓷套,也有硅橡胶复合绝缘瓷套。图 3-16 为特高压交流变压器用套管。

图 3-16　特高压交流变压器用套管

3.6.2　特高压交流试验基地主变压器套管的试验情况简介

1) 传奇套管的试验情况

传奇公司用于替代出厂试验的合成绝缘子于 2008 年 8 月运抵国网武汉高压研究院进行出厂试验，在 8 月 22 日的工频耐压试验（1 200 kV，5 min）进行至 1.5 min 时下瓷件被击穿，并波及电容芯。经分析认为，该击穿事故是由于下瓷套缺陷造成的。图 3-17 为被击穿的下瓷套照片。

2) 西安西电高压电瓷有限责任公司套管的试验情况

西安西电高压电瓷有限责任公司（简称西瓷厂）的两支套管制作完成后，先后在西安高压电器研究所（简称西高所）与西变高压大厅进行了 1 000 kV 套管试验。套管在西高所三室高压试验大厅进行了 tan δ 测量、局放试验、冲击全波试验，后移至西安变压器厂高压试验大厅进行了全载波及操作波试验，再次移至西高所进行了 tan δ 测量、无线电干扰、局放与 1 200 kV 5 min 工频耐压试验和 1 800 kV 操作波、正负极性湿耐受试验、1 200 kV 5 min 工频湿耐压试验、880 kV 6 h 热稳定试验（在 90 ℃热油中），最后进行了抗弯试验。

由于在温升试验前套管的吊运过程中将套管外部上瓷套碰坏，西安西电高压电瓷有限责任公司更换了外瓷套。更换后，首先进行了温升试验，并于 10 月 23 ~ 24 日在西高所三室高压试验大厅进行了复试，再次测量了 tan δ、局放试验、冲击全波试验、1 200 kV5min 工频耐压试验，然后测量了局放试验、tan δ 试验。复试结果与原试验相差不大，所以认为原来做的外绝缘试验、热稳定试验、抗弯试验仍然有效。复试介损(0.4068%)略高于协议值(0.4%),考虑西瓷厂换外瓷套时间为6 h,符合厂里规定(≤8 h),所以认为介损0.4068%不会对瓷套性能产生影响。

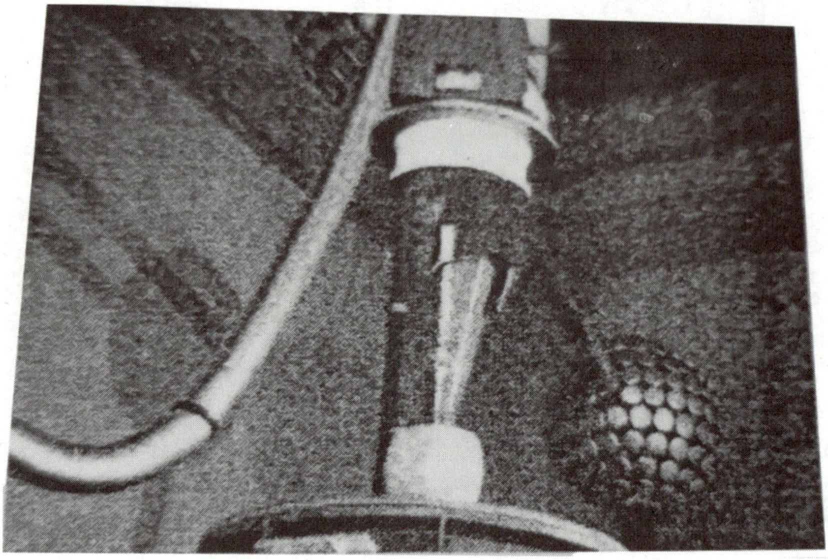

图3-17　套管下瓷套被击穿

国网武汉高压研究院在《1 000 kV 变压器套管订货技术条件》中要求局放试验为953 kV1 h,tan δ 试验要求电压为953 kV。西瓷厂套管在西高所的局放试验中仅进行了953 kV 5 min,tan δ 试验是在880 kV 电压下进行的,与《订货技术条件》不符合。其原因是西高所的试验设备已有30多年的历史,从试验设备安全考虑,为防止击穿,不能长时间施压。

3.6.3　特高压套管发展趋势分析

随着我国特高压电网建设的展开,特高压变压器及电抗器套管、开关套管和穿墙套管市场需求量巨大,但目前供货被国外公司垄断,国内公司没有实际运行业绩,导致国外公司特高压套管售价奇高,因此急需推进特高压套管国产化打破国外公司垄断,降低采购价格,服务于特高压电网建设。特高压干式套管代表套管技术的发展方向。套管产品的市场需求导向是特高压,技术提升导向是干式无油化,纯干式胶纸绝缘套管因其免维护、防爆等特点引领行业的发展方向。

第 4 章　特高压直流输电设备

4.1　特高压直流换流变压器

4.1.1　特高压直流换流变压器的作用

换流变压器是换流站使用的一种特殊类型的变压器。换流变压器一次侧绕组接到交流系统,称为网侧绕组;二次侧绕组接到换流阀,称为阀侧绕组。换流变压器的作用是将送端交流系统的电功率送到整流器,或从逆变器接受电功率送到受端交流系统。它利用两侧绕组的磁耦合传送功率,同时实现了交流系统和直流部分的电绝缘与隔离,以免交流电力网的中性点接地和直流部分的接地造成某些元件的短路。另外可实现电压的变换,使换流变压器网侧交流母线和换流桥的直流侧电压能分别符合两侧的额定电压及容许电压偏移。实际上,它对于从交流电网入侵换流器的过电压还能起到抑制作用。

4.1.2　特高压直流换流变压器的结构特点

换流变压器的阀侧绕组所承受的电压为直流电压叠加交流电压,并且两侧绕组中均有一系列的谐波电流。因此,换流变压器的设计、制造和运行均与普通电力变压器有所不同。

1)短路阻抗

换流变压器的短路阻抗在发生阀臂短路故障时起着限制故障电流的作用。以往由于晶闸管元件过负荷能力有限,换流变压器的短路阻抗设计得比普通电力变压器大,一般大16%~19%。但从减小换向压降、减小无功及其引起的能耗和减小动态过电压来看,短路阻抗小一些为宜。目前有较大容量的晶闸管元件可供选择,必要时可以留有较大的备用过载容量。因此可在此基础上,考虑换流变压器的短路阻抗值。

2)绝缘设计

换流变压器绝缘设计与普通电力变压器绝缘设计最显著的不同是普通电力变压器只考

虑结构的交流耐压强度，而换流变压器阀侧绕组要承受直流偏压的作用，该直流偏压叠加在交流电压之上。与通常不需要对某些部位进行特殊考虑的交流情况不同，在直流电场设计中，必须对油-纸界面及其绝缘的不连续性给予充分重视。从设计的角度来说，实际存在的直流电场和交流电场的综合作用，将使问题更加复杂。交流电压的分布由材料尺寸及其介电系数决定，因此湿度或温度的变化不会引起交流电压分布的明显变化。直流电压的分布由材料尺寸及其电阻率决定。湿度或者温度的变化都会引起绝缘材料电阻率的变化，从而引起直流电压分布的变化。考虑到这一点，特高压直流换流变压器绝缘中必须保持较高的干燥水平。运行中变压器无论负载情况如何，一般都要保持油循环的连续性，以维持尽可能均匀的温度分布，从而确保直流电场分布不会由于材料电阻率的热效应而发生畸变。此外，必须保持绝缘的高度清洁，其中包括经常性的滤油措施。油的任何颗粒状污染，包括各种纤维和金属粒子，在直流电场作用下将发生迁移。这些颗粒一旦与电极或固体绝缘材料接触，就会引起电晕放电，甚至击穿。

3）高次谐波电流的影响

换流器在运行中将在交、直流两侧产生谐波电流和谐波电压。漏磁的谐波分量可能使换流变压器的某些金属部件和油箱产生局部过热现象，同时变压器的杂散损耗将增加。在换流变压器中有较强谐波偏磁通过的地方，用非磁性材料制造紧固件，在绕组与外壳之间要采取磁屏蔽措施。在现场，必要时可建造吸音墙或将换流变压器安装在隔音室内。

4）直流偏磁

经过换流变压器的直流电流产生的直流磁通致使铁芯磁化曲线不对称，即直流偏磁。对于换流变压器来说，产生直流偏磁的主要原因有：换相过程中，换流器触发相位不相等；工频电流流过直流线路；换流站交流母线出现正序二次谐波电压；单极大地返回运行期间因电流注入接地极引起换流站地电位升高。以上的直流磁通造成换流变压器铁芯严重饱和，励磁电流畸变严重，产生大量谐波，使换流变压器无功损耗增加，输电系统电压降低，甚至造成系统保护误动作。换流变压器本身铁芯由于磁路高度饱和，漏磁会非常严重，可能导致内部金属结构件的局部过热，破坏绝缘系统，甚至降低产品使用寿命。

5）有载调压范围

为使直流输电系统经常运行在最佳状态，换流变压器一般带有较多负荷调节的分接头，可调范围很大，一般达到 $-5\% \sim +30\%$；每档距较小，常为 $1\% \sim 2\%$，以达到分接头调节和换流器触发角控制联合工作时无调节死区和避免频繁往返动作的目的。

图 4-1 和图 4-2 分别为我国高压、特高压直流输电工程中使用的换流变压器的实物照片。

图 4-1　298MVA/500 kV 换流变压器
（用于三峡 ±500 kV 高压直流输电工程）

图 4-2　244MVA/500 kV 换流变压器

4.2　特高压直流换流阀

4.2.1　特高压直流换流阀的作用

换流阀就是改变电流的阀(开关)。在高压直流输电系统中,换流装置的基本功能单元通常为三相桥式换流器。而三相桥式换流器的每个桥臂,在直流输电系统中称为直流换流阀，简称为换流阀，它是换流器的基本单元设备。换流阀是进行换流的关键设备，是高压直流输电系统中最为核心的一次电气设备。

为了实现电流形态的转换，换流阀必须采用非线性器件，其电阻阻值会随着电流的方向不同而发生很大的变化。对于直流换流阀，其电流的方向只能通过一个方向，称之为正方向，这时换流阀的正向导通电阻很小；在反方向，电流根本不能导通，其反向电阻可以认为是无穷大。

为了提高换流阀的耐压水平，换流阀通常由许多晶闸管串联而成。换流阀的特性与晶闸管相同，导通条件也一样。晶闸管在控制极不施加触发脉冲时，换流阀具有正、反向阻断能力；而当在晶闸管控制极施加触发脉冲后，换流阀就可以正向导通，一旦导通后，无论触发脉冲是否存在，只要晶闸管两端电压为正向，它就保持导通，直到晶闸管两端加压反向才能关断。由于换流阀由许多晶闸管串联组成，一个换流阀的导通则意味着该换流阀中所有的晶闸管元件都导通。如果换流阀中有一个晶闸管不能按时触发开通，则串联连接支路中的未触发导通的晶闸管将由于承受较大过电压而被击穿损坏。因此，工程中实际运行的直流换流阀除了必须满足晶闸管元件运行所需的基本要求之外，还需必要的均压、控制、保护以及散热等诸方面的技术措施作为其安全可靠运行的基础。

4.2.2 特高压直流换流阀的结构

特高压直流输电系统仍采用与常规高压直流输电系统基本相同的接线方式。换流站仍由基本的换流单元组成，基本换流单元均采用 12 脉动换流单元。每个 12 脉动换流单元由一个 12 脉动换流器、一组相应的换流变压器以及交、直流滤波器等组成。每个 12 脉动换流器由 2 个交流侧电压相位相差 30° 的 6 脉动换流器串联而成，从而可以得到良好的谐波性能。

由于特高压直流输电工程输送容量大、电压高、要求具有高可靠性，其接线方式通常采用双极两端中性点接线方式。以 ±800 kV、4 500 A、7 200 MW 的直流输电工程为例，可供选择的换流站接线方式有以下三种：

①每极一组 12 脉动换流器；

②每极两组 12 脉动换流器串联；

③每极两组 12 脉动换流器并联。

换流阀（站）接线方式由以下因素决定：

①一组 12 脉动换流器的最大制造容量；

②单台换流变压器的制造容量和运输限制；

③换流站的分期建设；

④两端的交流系统要求；

⑤换流站的可靠性及可用率；

⑥换流站造价等。

图 4-3 为目前我国已经采用的典型 ±800 kV 特高压直流输电换流站接线示意图。该特高压直流系统采用 T(400 +400) kV 接线方式,每极高、低端脉动换流器两端设计电压相同,脉动换流器两端连接直流旁路断路器,通过直流旁路断路器操作可以投入或退出该脉动换流器。因此,运行方式非常灵活,可根据实际情况合理组合,其运行方式包括:完整双极运行方式、1/2 双极运行方式、完整单极大地回路运行方式、1/2 单极大地回路运行方式、完整单极金属回路运行方式、1/2 单极金属回路运行方式、3/4 双极运行方式以及空载加压试验方式。

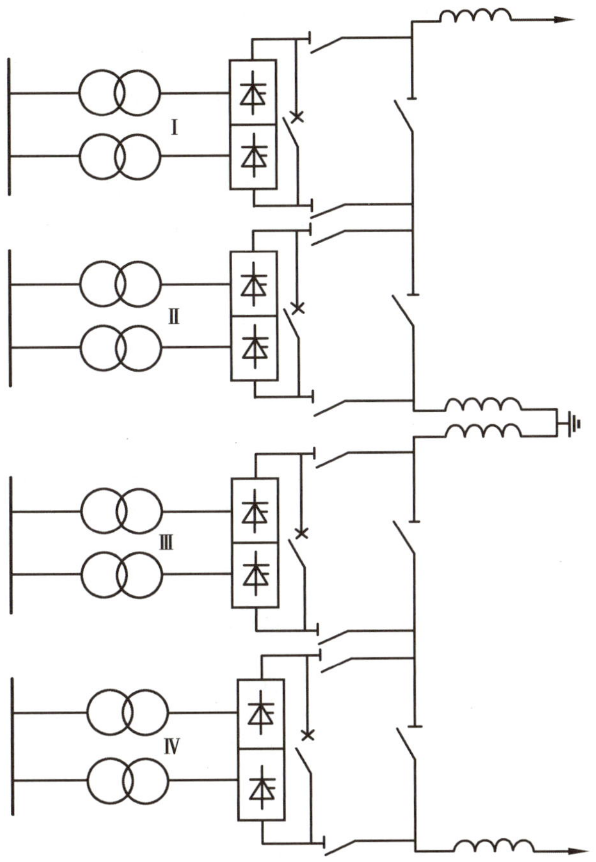

图 4-3　典型 ±800 kV 特高压直流输电换流站接线方式

4.2.3　特高压直流换流阀的特点

直流换流阀的基本组合功能单元为换流阀组件。针对不同应用领域,直流换流阀可以由数量不同的换流阀组件串联而成,以满足不同电压等级对换流阀耐压能力的要求。直流换流阀的这种模块化串联结构特征,决定了 ±800 kV 特高压换流阀在满足换流阀内绝缘方面与常规直流换流阀没有较大的区别,只要能够保证换流阀增大的通流能力和晶闸管级的数量不会显著增加，而这些要求在特高压换流阀采用新型 6 in 晶闸管元件时都能够得到满足。

±800 kV 特高压直流换流阀虽然在换流阀结构、换流阀电压和电流设计、触发系统、监视和保护系统、防火设计、冷却系统和试验等方面与常规直流工程具有很多共性，但它毕竟是一个全新的范畴，有更高要求和更苛刻的运行工况。需要考虑增加的换流阀对地电压对换流阀外绝缘特性的影响，也就是换流阀到墙壁、天花板以及地面的空气绝缘特性。对于已知开关应力，所需的电气间隙不是开关应力的线性函数，且在高电压范畴时该性质更为显著。为此必须仔细选择换流阀外部电极的型式（屏蔽罩的外形、位置以及光滑度），以使间隙因数有效；通过合理的绝缘配合使绝缘要求尽可能低，包括仔细选择避雷器的安装位置、保护水平和绝缘裕量。

目前，特高压直流输电采用了基于 6 in 晶闸管技术的单极 2 个脉动换流器串联的方式，这样可以充分利用常规直流输电换流阀在设计和制造方面的成熟经验。在阀厅的布置方面也与常规直流输电工程有所不同，特高压直流输电采用了高低压两个阀厅的布置方式。

对于特高压直流工程基于 4 500 A 额定直流电流的要求，与常规直流输电相比，其阀组件特点见表 4-1。

表 4-1　特高压直流换流阀特点

元　件	特　点
晶闸管	选用 6in 晶闸管元件，主要参数为 4 500 A/7 200 V
散热器	与 6in 晶闸管配合使用的散热器，增大了散热面积，提高了散热能力
晶闸管压装结构	增大了晶闸管压装结构的压紧力，减小了接触电阻和热阻，既降低了发热又提高了散热能力
通流母排	增大导流截面面积，能够满足 4 500 A 的通流要求
结构支撑件	由于晶闸管和散热器尺寸、质量增加，相应结构支撑梁也相应增强，以保证能够承担增加的质量及运行压力

4.3　特高压直流平波电抗器

4.3.1　特高压直流平波电抗器的作用

平波电抗器也称直流电抗器，一般串接在换流器与直流线路之间。其主要作用为：

①在直流系统发生扰动或事故时，抑制直流电流的上升速度，以避免事故扩大；

②当逆变器发生故障时，可避免引发换相失败；

③在交流电压下降时，可减少逆变器换相失败的概率；当直流线路短路时，可在调节器的配合下，限制短路电流的峰值；

④可同直流滤波器一起极大地抑制和削减换流过程中产生的谐波电压和谐波电流，从而大大地削弱直流线路沿线对通信的干扰；

⑤在直流低负荷时，避免因电流发生间断而导致换流变压器等电感元件产生很高的过电压；

⑥限制线路和装在线路端的容性设备通过换流阀的放电电流。

为了抑制谐波电流对直流系统的影响，平波电抗器要有一定的电感量。在直流条件下，该电感是增量电感。为了达到上述目的，平波电抗器的增量电感越大越好。但是平波电抗器的增量电感太大，运行时容易产生过电压。同时，过大的电感会导致电磁惯性过大，对自动控制响应迟钝。因此，合理的做法是增量电感值的选择要兼顾利弊，满足基本功能即可。

4.3.2　特高压直流平波电抗器的结构特点

1）平波电抗器的分类

平波电抗器按绝缘和磁路结构的不同，可分为干式空心和油浸铁芯式两种。这两种形式的平波电抗器在高压直流输电工程中均有成功的运行经验。应该指出，采用油浸铁芯式平波电抗器的背景是，穿墙套管在非均匀淋雨情况下的闪络和污闪问题较难解决。利用油浸铁芯式平波电抗器的干式套管直接穿入阀厅，取代水平穿墙套管，可使发生污闪的概率大大降低。

空心干式平波电抗器主要由电感线圈、均压环、支柱绝缘子、底座及基础等部分组成。电感线圈结构类似于阻波器线圈，其传输的直流功率大、电压高、额定直流电流大。因此，导体截面大、线圈重、空气绝缘距离大、爬距大、电感线圈重心高。平波电抗器绕组由多束平行线包组成，每一线包由多层扁铝导体组成，并根据电流及电感的要求制成特定的匝数。各线包间由一些均匀分布在圆周上垂直放置的玻璃纤维树脂板条隔开，并形成上下流通的冷却风道。上下各有一个由铝合金制作的辐射架，并用玻璃纤维条将线圈收紧，然后用树脂整体浸渍封装，其外表面刷有抗紫外线油漆，具有良好的绝缘性能及耐气候性。

2）干式空心和油浸铁芯式平波电抗器的比较

（1）绝缘

干式空心平波电抗器对地绝缘简单，±800 kV 的直流电压仅由支撑绝缘子承担，匝间绝缘强度低，潮流反转时无临界场强。油浸铁芯式平波电抗器对地绝缘由油/纸绝缘系统组成，但直流电场分布由绝缘材料的电阻决定，其电阻率受温度、湿度、场强以及老化等的影响较大，很难准确计算，纸纤维和油的电阻率比值在 10～500 大幅度变动，直流电场控制难度很大，需要大量的试验研究和经验积累。

干式空心平波电抗器对地电容比油浸铁芯式小很多，要求冲击绝缘水平较低，对地绝缘电压由绝缘子承担,高低压端的线圈可通用,每站只需备用一只线圈即可。油浸式平波电抗器高低压主绝缘承受电压不同,设计也不同,需分别备用。

(2)增量电感

干式空心平波电抗器无铁芯,且金属结构件都是磁导率为 1 的铝合金或非磁性不锈钢,因此干式空心平波电抗器是线性元件,其增量电感值是恒定的。而由于没有铁芯,其每台增量电感较低,一般不超过 100 mH。在需要较大增量电感的场合,需要将两台或多台空心平波电抗器串联。油浸铁芯式平波电抗器由于有铁芯,增加单台增量电感很容易做到,以往 ±500 kV直流输电工程中在 3 000 A 电流时可达到 300 mH。油浸铁芯式平波电抗器是非线性元件,当通过直流电流小时,其增量电感增大。

(3)噪声水平

干式空心平波电抗器和油浸铁芯式平波电抗器的本体噪声水平差不多。由于干式空心平波电抗器安装在高处,噪声对周边环境有影响,较难处理。

(4)电磁干扰

干式空心平波电抗器的磁力线分布在空间,对周围影响较大;而油浸铁芯式平波电抗器线圈被油箱封闭,对周围的电磁干扰小。

(5)设备保护

干式空心平波电抗器即使匝间故障也不易引起主绝缘故障,可及时发现、减少更换故障平波电抗器所致停运时间,因此,一般不需配置在线监测电抗器内部故障的装置,简化了二次控制和保护设备。油浸铁芯式平波电抗器需要有完善的保护,以便于故障的在线检测和预防,并可以通过对油色谱的监测,及时发现谐波电流引起的局部过热故障。

(6)运输

与油浸铁芯式平波电抗器相比,干式空心平波电抗器由于内部不带铁芯,也没有变压器油,其质量小,易于运输。油浸铁芯式平波电抗器质量大、体积大,往往会受到运输条件的限制,运输的成本要高得多。

(7)运行和维护

干式空心平波电抗器为无油设备,不需要辅助运行系统,其运行、维护费用低,基本属于免维护,但一旦发生故障往往不能修复,只能更换。油浸铁芯式平波电抗器需要装设滤油机等辅助设备,平时的维护工作量大,运行费用高。

(8)抗振性能

单台 800 kV 干式空心平波电抗器质量可能达 60 t,安装高度达到 20 m,头重脚轻,抗震性能较差。油浸铁芯式平波电抗器安装在地面,重心低,抗震性能好。

(9)布置

干式空心平波电抗器布置具有很好的灵活性。油浸铁芯式平波电抗器需配套建设集油池、防火墙等土建设施,布置灵活性较差。

图4-4 和图4-5 为国内高压、特高压直流输电工程中使用的平波电抗器实物照片。在国家电网公司大力支持下,由北京电力设备总厂研制的干式平波电抗器通过全部型式试验,其

经济性和生产制造能力均达到国际领先水平。

图4-4　±500 kV、3 000 A 油浸铁芯式平波电抗器

图4-5　±800 kV 干式空心平波电抗器

4.4　特高压直流避雷器

4.4.1　特高压直流平波电抗器的作用

特高压直流避雷器是特高压直流输电系统过电压保护的关键设备，它对于整个工程的绝缘水平的确定起着决定性作用，并直接影响着设备的体积、造价，乃至整个工程的占地面积和工程造价等。

由于直流输电系统内部过电压产生的原因、发展的机理、幅值、波形等是多种多样的，比交流系统的情况复杂得多,安装在直流系统不同位置的避雷器承受的电压波形和负载差别很大,并且特高压直流工程较高压直流工程电压等级更高、结构更复杂,使得故障情况下避雷器承受的负荷更严重,因而需要配置的特高压直流避雷器的种类多,性能参数要求高,并且不同种类避雷器差别大。

特高压直流避雷器主要包括直流线路避雷器、直流极母线避雷器、换流器避雷器、中性母线避雷器、直流阀避雷器、平波电抗器避雷器、桥避雷器、换流变压器阀侧避雷器等。特高压直流输电工程换流站内避雷器典型配置如图 4-6 所示(其中交流母线避雷器 F1 ~ F4 为交流避雷器),各种直流避雷器的作用如表 4-2 所示。

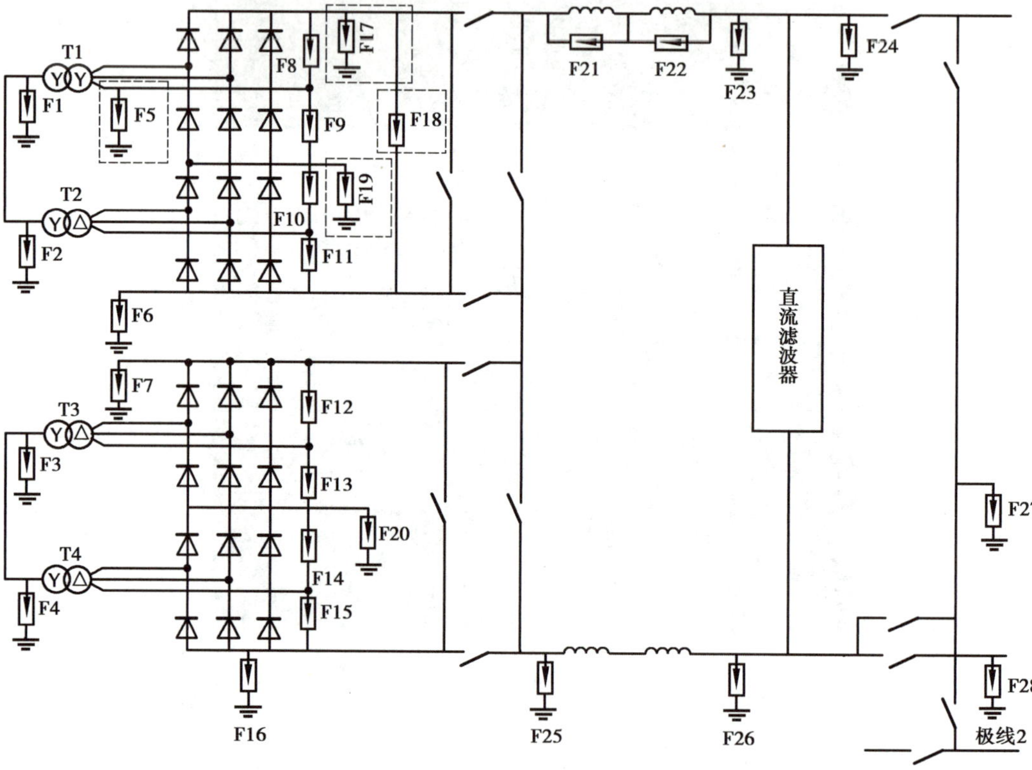

图 4-6 特高压直流输电工程换流站内避雷器典型配置

表 4-2 特高压直流避雷器种类及作用

序号	避雷器名称	作 用
1	直流阀避雷器(F8 ~ F15)	保护阀免受过电压损坏
2	桥避雷器(F19、F20)	保护 12 脉动换流器下部 6 脉动换流器免受过电压的损坏
3	直流线路避雷器(F23、F24)	保护与直流极线相连接的直流开关场的设备免受过电压的损坏
4	直流母线避雷器(F17)	保护平波电抗器换流器侧高压直流极线上连接的设备免受过电压的损坏
5	换流器避雷器(F18)	限制侵入阀厅的雷电过电压幅值

续表

序号	避雷器名称	作　用
6	中性母线避雷器（F16、F25 ~ F28）	保护中性母线和与它连接的设备免受过电压的损坏；当双极对称运行时，中性母线的运行电压接近于零；但在单极或单极金属回线方式下，需要考虑其运行电压；发生接地故障时，该避雷器会受到很大的能量冲击，通常要并联安装多支避雷器
7	平波电抗器避雷器（F21、F22）	保护平波电抗器免受过电压的损坏
8	上下 12 脉动换流器间中点母线避雷器（F6、F7）	保护上下两个换流器之间的母线
9	换流变压器阀侧避雷器（F5）	用于抑制换流变压器与晶闸管阀相连接的位置出现施加在套管和引线及绕组上的过电压

4.4.2　特高压直流平波电抗器的结构特点

特高压直流工程中，直流避雷器在过电压情况下承受的能量巨大，要求具有更高的保护水平，因此多采用多柱并联的结构，有外并联和（或）内并联，即多个独立外套的避雷器并联和（或）单个外套内多柱电阻片并联的结构。根据承受能量不同，并联柱数为两柱到十几柱，甚至几十柱。

外套结构分为无外部绝缘的开放式设计、瓷外套和复合外套三种类型。无外部绝缘的开放式设计由于其受外部环境影响较大，一般应用于换流站阀厅内的避雷器。瓷外套和复合外套型避雷器户内外均可使用。由于直流条件下的污秽情况比交流条件严重得多，所示户外特高压直流避雷器对耐污秽性能要求很高，需要在外套的材料、伞形、结构和爬电距离上特殊考虑。

特高压直流避雷器安装方式可分为悬挂式安装和座式安装，选用何种方式由安装位置和安装条件决定。

在特高压直流避雷器的设计中，主要综合考虑以下几个方面的性能：避雷器保护水平、电流分布特性、能量耐受能力、机械强度、外绝缘和耐污秽水平、热稳定性和耐受短时过电压的能力、压力释放性能等。

4.5 特高压直流套管

4.5.1 特高压直流套管的作用

套管用于供高电压导体穿过与其电位不同的隔板(如电力设备的金属外壳),也用于导体或母线穿过建筑物或墙壁,起绝缘和支柱作用,前者称为电器用套管,后者称为穿墙套管。

套管由一个电极(导杆)插入另一个不同电位的电极(中间法兰)的中心而构成,其表面的电压分布很不均匀,中间法兰边缘处电场十分集中,很容易发生电晕及滑闪放电。同时,法兰和导杆间的电场也很强,绝缘介质容易击穿。为了适应工作电压的提高,必须改善法兰和导杆附件的电场,以提高套管的整体绝缘强度。

4.5.2 特高压直流套管的结构和特点

套管具有以下三个特点:

①既有内绝缘,也有外绝缘;

②电场复杂;

③结构和尺寸要求严格。

在实际设计中,主要解决导体发热介质损耗、热击穿和密封等复杂问题。套管是电气设备的一个较复杂又重要的配套元件。在特高压系统中,由于电场很高,其高度和直径的要求很苛刻,往往成为设备制造的一个制约环节。

特高压套管可以有纯瓷套管和硅橡胶复合外套两种。

纯瓷套管是最简单的一种套管,只是简单的一个瓷套,其外表面上有裙或棱(户外用裙,户内用棱)。瓷壁越厚,击穿场强越低,而很厚的瓷壁在制造工艺上有困难,因此纯瓷套管在更高电压下不能通用。

特高压复合外套所用的硅橡胶材质分为高温硅橡胶和中温硅橡胶两种,国内护套一次成型长 2.5 ~3 m;硅橡胶外套最大直径为 1.35 m,最大抗弯强度为 320 kN · m,长度不限。

特高压套管长度长、电场强度高、质量重,因此对制造的技术水平要求很高。目前全世界能生产特高压套管的厂家有意大利 P&V、日本 NGK、瑞士 ABB、英国传奇、乌克兰扎布罗热变压器研究所(VIT)、中国西安西电高压电瓷有限公司、抚顺传奇套管有限公司、南京电气集团等少数几家公司。从套管的用途上看,可以将特高压套管分为特高压换流变压器套管、电抗器套管和 GIS 套管等。

4.6 交、直流滤波器

4.6.1 交、直流滤波器的作用及特点

直流输电系统中，换流器在进行交、直流相互转换的同时，在换流器交、直流两侧分别产生大量谐波电流和谐波电压，且谐波可通过换流器在交流和直流两侧之间互相传递。谐波问题对供电质量是一种“污染”，降低系统电压正弦波的质量，这不但严重影响电力系统，而且还危及用户和周围的通信系统，是直流输电系统一个很突出并且很重要的技术问题，其抑制方式主要是装设交流滤波器和直流滤波器。

除特征谐波和非特征谐波以外，还存在以下几类谐波源，需引起特别重视。

第一类是背景谐波，存在于交流电力系统中，由电气化铁道、工业拖动负荷、整流负荷、家用整流负荷、其他整流工程和静止补偿工程等产生。产生背景谐波的另一个主要因素是交流系统变压器饱和引起的低次谐波，需要通过合理选择变压器额定抽头位置和优化调度交流系统运行电压水平来解决。电网背景谐波对电网的安全经济运行危害巨大，已引起世界各国电网公司的高度注意，纷纷采取综合措施进行治理。

第二类是换流变压器或其他变压器饱和所产生的谐波。一般将换流变压器或其他变压器饱和产生的谐波归结为背景谐波一类，而不管建设和投入的先后，有三种情况可以引起换流变压器饱和。第一种情况是变压器投入和短路故障切除后的电压恢复，换流变压器将产生暂态饱和，对滤波器产生暂态的应力，但这种应力对构成滤波器的元件额定值一般不起决定作用，因此在滤波器设计中通常不加考虑。第二种情况是交流母线电压升高。对于设计合理的直流系统，换流变压器抽头总是随交流电压升高而上调，换流变压器不应产生可观测的饱和现象。第三种情况是换流变压器中存在直流分量，可能长期运行在饱和状态，由此产生的谐波电流可能造成对交流滤波器的长期负担。

谐波对电力系统的影响和危害是十分严重的，主要表现在以下几个方面：

①当系统中存在谐波分量时，可能会产生局部的并联或串联谐振，放大谐波分量，并因此增加由于谐波所产生的附加损耗和发热，可能造成设备故障。

②谐波的存在，增加了系统中元件的附加谐波损耗，降低了发电、输电及用电设备的使用效率。

③谐波引起电气应力的增加，使电力设备元件绝缘加速老化，缩短使用寿命。

④谐波可能导致某些电力设备工作不正常，包括控制保护设备。

⑤谐波电流通过感应作用在临近通信线路上产生谐波电动势，对通信系统产生干扰，降低通信质量。

在目前的技术条件下，高压直流输电系统中的谐波是不可避免的，可以说在正常运行条件下，从交流侧看，直流换流器实际上呈现为一个特征谐波的谐波电流源。因此对高压直流

输电系统的谐波进行分析，并对其采取相应抑制措施就显得非常必要。目前，抑制谐波的实用方法是装设平波电抗器和滤波器。交流侧主要采用交流滤波器，直流侧采用平波电抗器和直流滤波器。

并联交流滤波器有常规无源交流滤波器、有源交流滤波器和连续可调交流滤波器三种型式。现在已投运的直流输电工程，交流滤波器大部分都采用常规无源交流滤波器。常规无源交流滤波器的设计、制造、调试、安装及运行等技术已非常成熟，有源交流滤波器和连续可调交流滤波器仅在个别交流或直流输电工程中应用。由于滤波器在工频频率下呈容性阻抗，因此滤波器除了抑制谐波外，还可以兼作无功功率补偿之用。

目前世界上已运行的高压直流输电工程中所采用的并联直流滤波器，也有无源直流滤波器和有源（混合）直流滤波器两种型式。无源直流滤波器已有多年的运行经验，在大多数工程中采用。有源直流滤波器首次于 1991 年在康梯-斯堪直流工程中投入试运行，后来又在斯卡捷拉克和波罗的海电缆直流工程中被采用，我国的天生桥-广东直流输电工程则是采用有源直流滤波器的远距离架空线路直流输电工程。直流滤波器的结构和原理基本与交流滤波器相同，常并联于平波电抗器和直流线路之间，或者并联在第一平波电抗器和第二平波电抗器之间，以吸收相应的谐波电流，使流过线路的谐波电流减小。

4.6.2 直流滤波器的结构

直流滤波电路通常作为并联滤波器接在直流极母线与换流站中性母线（或地）之间。直流滤波器的电路结构与交流滤波器类似，也有多种电路结构型式，常用的有：具有或不具有高通特性的单调谐、双调谐和三调谐三种滤波器。

直流滤波器的电路结构，通常采用带通型双调谐滤波电路。对于 12 脉动换流器，当采用双调谐滤波器时，通常采用 12/24 及 12/36 的谐波次数组合。图 4-7 给出 12 脉动换流器一个极的直流滤波器示意图。

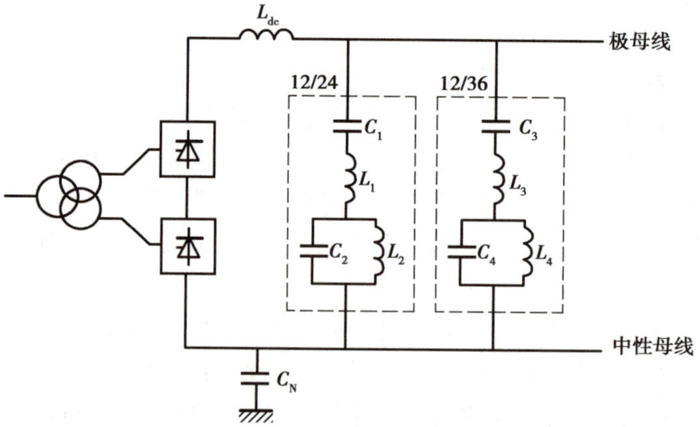

图 4-7 12 脉动换流器一个极的直流滤波器示意图

4.7　特高压直流换流站开关

4.7.1　特高压直流换流站开关作用

为了达到故障的保护切除、运行方式的转换以及检修隔离等目的，在换流站的直流侧和交流侧均装设了开关装置。与一般交流变电站不同的是，换流站直流侧的某些开关装置所涉及的是直流电流的转换或遮断。而换流站交流侧的某些开关由于谐波、直流甩负荷以及磁饱和等原因而使开关装置的投切负担加重。双极换流站典型的直流开关设备配置见图 4-8。

直流开关设备配置原则如下：

(1)极中性线侧的低压高速开关(LVHS，图 4-8 中 3)

当单极计划停运时，换流器在没有投旁通对的情况下闭锁，换流器将使该极直流电流降为零，LVHS 在无电流情况下分闸。这也是当换流器内发生除了接地故障以外的故障时，利用 LVHS 进行隔离的正常程序。当正常双极运行时，如果一个极的内部出现接地故障，故障极带投旁通对闭锁，则利用 LVHS 将正常极注入接地故障点的直流电流转换至接地极线路。

(2)金属回线转换断路器(MRTB，图 4-8 中 1)

MRTB 装设于接地极线回路中，用以将直流电流从单极大地回线转换到单极金属回线，以保证转换过程中不中断直流功率的输送。如果允许暂时中断直流功率的输送，则可不装设 MRTB。MRTB 必须与 GRTS 联合使用。

(3)大地回线转换开关(GRTS，图 4-8 中 2)

GRTS 装设在接地极线与极线之间，它是为了用来在不停运的情况下，将直流电流从单极金属回线转换至单极大地回线。

(4)双极运行中性线临时接地开关(NBGS，图 4-8 中 11)

NBGS 装设于中性线与换流站接地网之间。当接地极线路断开时，不平衡电流将使中性母线电压升高。为了防止双极闭锁，提高高压直流输电系统的稳定性，利用 NBGS 的合闸来建立中性母线与大地的连接，以保持双极继续运行，从而提高高压直流输电系统的可用率。当接地极线路恢复正常运行时，NBGS 必须能将流经它至换流站接地网的电流转换至接地极线路。另外，当 LVHS 无法进行转换时，NBGS 也可以提供临时接地通路，以减少 LVHS 的转换电流。

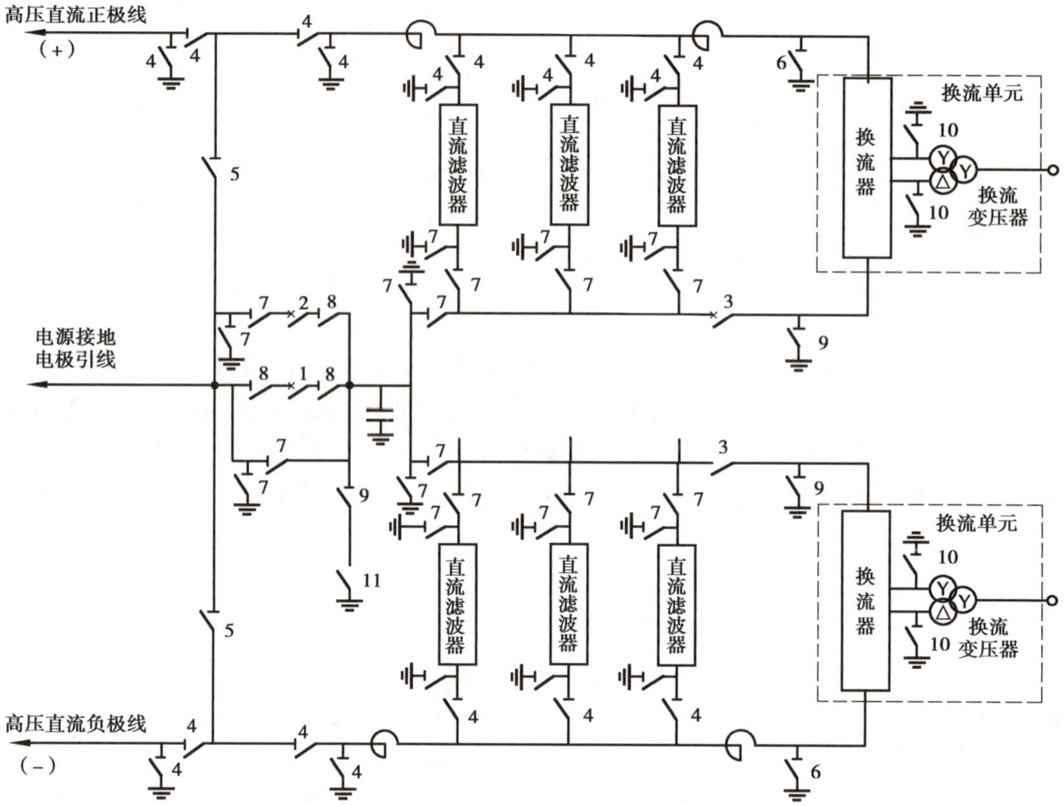

图 4-8　双极换流站典型的直流开关设备配置图

4.7.2　特高压直流换流站开关结构及特点

在高压直流输电系统中，某些运行方式的转换或故障的切除要采用直流断路器，如上所述的金属回线转换断路器、大地回线转换开关等。直流电流的开断不像交流电流那样可以利用交流电流的过零点，因此开断直流电流必须强迫过零。但是，当直流电流强迫过零时，由于直流系统储存着巨大的能量要释放出来，而释放出的能量又会在回路上产生过电压，引起断路器断口间的电弧重燃，以致开断失败。吸收这些能量就成为断路器开断的关键因素。我国已建成的高压直流换流站中，采用的直流断路器型式有无源型和有源型叠加振荡电流方式两种，其原理图如图 4-9 所示。直流断路器由三部分组成：①由交流断路器改造而成的转换开关；②以形成电流过零点为目的的振荡回路；③以吸收直流回路中储存的能量为目的的耗能元件。转换开关可以采用少油断路器、六氟化硫断路器等交流断路器。振荡回路通常采用 LC 振荡回路。耗能元件一般采用金属氧化物避雷器。

有源型叠加振荡电流方式是由外部电源先向振荡回路的电容 C 充电，然后电容 C 通过电感 L 向断路器 QF 的电弧间隙放电，产生振荡电流叠加在原电弧电流之上，并强迫电流过零。因此，这种方式在完成一次开断需要完成的过程是：外部电源充电开关 QS1 合闸向 C 充电，稍后 QS1 断开，直流断路器的转换开关 QF 开断产生电弧，同时合上振荡回路开关 QS2 产生振荡电流，形成电流过零点。可见，有源振荡方式有多个控制步骤，对可靠性有一定影响。但是，这种方式较易产生足够幅值的振荡电流，开断的成功率也较高。

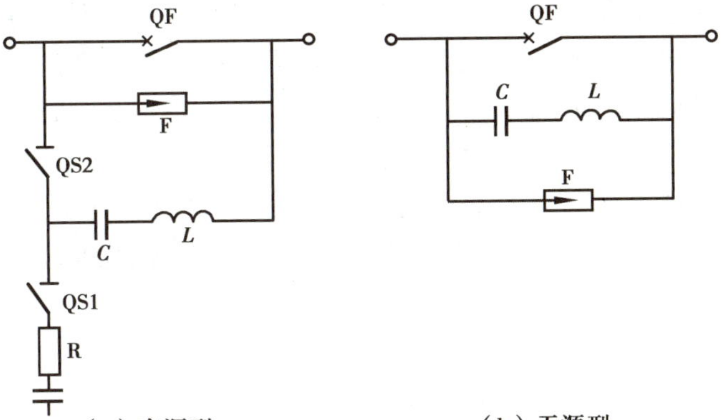

（a）有源型　　（b）无源型

图 4-9　叠加振荡电流方式直流断路器原理图

无源叠加振荡电流方式是利用电弧电压随电流增大而下降的非线性负电阻效应，在与电弧间隙并联的 LC 回路中产生自激振荡，使电弧电流叠加上增幅振荡电流，当总电流过零时实现遮断。因此，这种方式是根据断弧间隙电弧的不稳定性，利用电弧电压波动使电弧与 LC 回路之间存在一个充放电过程，以及电弧的负阻特性又使充放电电流的振幅不断增大，从而实现总电流强迫过零。这种方式的控制过程较简单，回路的可靠性较高，依赖于间隙电弧的不稳定性和电弧的负阻特性而产生电流过零，因此要求断路器与 LC 回路的参数要有较好的配合。这种方式的断路器即使在开断过程中电流过零后电弧又重燃，也不影响随后电流过零点的形成。

电弧电流过零以后，断路器触头之间的灭弧介质性能开始恢复，由于直流系统仍储存着巨大能量，并将使断口间的恢复电压上升，恢复电压的上升速度正比于 I_0/C，I_0 为开断电流。当断路器的介质恢复速度高于断口间的恢复电压上升速度时，就不会发生电弧重燃现象。当恢复电压上升至耗能装置金属氧化物避雷器（MOA）的最大持续运行电压时，MOA 进入导通状态，吸收这部分能量，使断路器完成开断过程。

由上述可以看出，直流断路器的开断可以分为三个阶段：①强迫电流过零阶段，换流回路至少应产生一个电流过零点；②介质恢复阶段，要求断路器有较快的灭弧介质恢复速度，并且要高于灭弧触头间恢复电压的上升速度，即触头间的耐压要快于恢复电压，达到金属氧化物避雷器（MOA）的最大持续运行电压，而当恢复电压达到 MOA 的最大持续运行电压时，MOA 导通；③能量吸收阶段，要求耗能装置 MOA 的放电负荷能力应大于直流系统中残存的能量，并且要考虑至少有二次灭弧耗能的要求。

用于改变运行方式的断路器（如 MRTB 和 GRTS），应要求在无冷却的情况下按进行两次连续转换进行设计，即分闸后如果电弧不能熄灭则应使断路器重合闸，然后再分闸。对用于保护的断路器（如 LVHS 和 NBGS），则按进行一次转换来设计。这些断路器的转换次数，则由具体直流输电工程的运行要求来确定。如三峡-常州等直流输电工程的直流断路器设计为每年最多可以进行 20～30 次正常转换，而对于 MRTB 及 GRTS，每年在无冷却的情况下，只允许进行两次连续转换。允许的转换电流应根据直流系统的额定连续过负荷条件来确定。

直流断路器中的重要组成部分是由交流断路器构成的开关元件。在选用这种开关时应注意两个重要参数：①开关灭弧后触头间绝缘介质强度的恢复速度是否高于恢复电压的上升速度；②开关触头耐受电弧的能力是否足够强。因此，一般以此来计算直流断路器开关元件第一次重合闸允许的时间。由于转换回路的恢复电压上升速度取决于转换回路起始电流 I_0 与转换电容 C 的比值 I_0/C。当 I_0 为定值时，则取决于 C 值。所以，转换电容 C 的参数选择应使恢复电压上升速度小于断路器允许的绝缘介质强度的恢复速度。

第 5 章　特高压典型工程介绍

5.1　典型特高压直流输电工程介绍

5.1.1　酒泉-湖南 ±800 kV 特高压直流输电工程(祁韶线)

酒泉—湖南 ±800 kV 特高压直流输电工程于 2015 年 5 月获得国家发改委核准,2015 年 6 月开工建设,经过 18 个月的艰苦建设,于 2016 年 12 月底全线贯通,2017 年 6 月 22 日全线带电投产,23 日正式投入运行。

祁韶线起点为祁连换流站(甘肃省酒泉市),途经甘肃、陕西、重庆、湖北、湖南 5 省市,止于韶山换流站(湖南省湘潭市),线路全长 2 383 km,铁塔 4 622 基,总投资达 262 亿元,是国家“西电东送”战略重点电网工程,是目前国内乃至世界上已建成的送电距离最远的直流输电工程,也是我国首条大规模清洁能源输送特高压直流输电工程。该工程是重点服务风电、太阳能发电等新能源送出的跨区输电通道,全面采用中国自主开发的特高压直流输电技术和装备,该工程的建设标志着我国特高压电网进入全面提速、大规模建设的新阶段。

华中地区电力需求增长迅速,但能源相对匮乏,煤电油运紧张矛盾最为突出。祁韶线构建起外电入湘的“直通车”,为湖南能源供应提供可靠保障。祁韶线一年可向湖南传输电量 400 亿千瓦时,相当于 6 个长沙电厂的年发电量,可满足湖南 1/4 人口的用电需求,有效缓解华中地区电力供需矛盾,构建西电东送大动脉,实现甘肃风电、煤电的大规模开发、打捆外送和大范围优化配置,缓解华中地区用电紧张局面。

祁韶线将西部风电、煤电、光伏电力送至华中地区,输电能力 800 万千瓦,每年可减少燃煤运输 1 800 万吨,减排烟尘 1.5 万吨、二氧化硫 8.8 万吨、氮氧化物 8.0 万吨、二氧化碳 2 960万吨,将有效促进大气污染防治目标的实现。该工程经济、社会、环境效益巨大,对于促进甘肃能源基地开发,扩大新能源消纳范围,加快资源优势向经济优势转化,拉动内需和刺激经济增长,带动装备制造业转型升级,提高系统新能源消纳能力,满足华中地区用电需求,支撑国家能源消耗强度降低目标实现,落实国家大气污染防治行动计划,改善大气环境质量等均具有十分重要的意义。

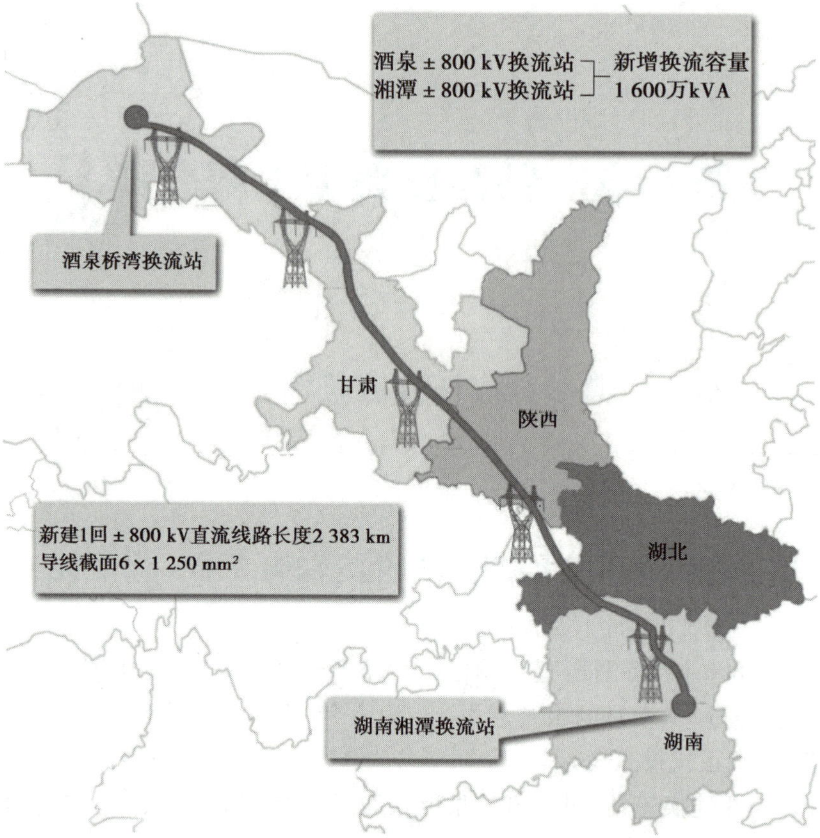

图 5-1　酒泉—湖南 ±800 kV 特高压直流输电工程路径示意图

5.1.2　向家坝-上海 ±800 kV 特高压直流输电示范工程(复奉线)

向家坝—上海 ±800 kV 特高压直流输电示范工程于 2007 年 4 月 26 日核准,2010 年 7 月 8 日投入运行。工程在 ±500 kV 超高压直流输电工程的基础上,在世界范围内率先实现了直流输电电压和电流的双提升,输电容量和送电距离的双突破。它的成功建设和投入运行,标志着国家电网全面进入特高压交直流混合电网时代。

复奉线起于四川宜宾复龙换流站,止于上海奉贤换流站,途经四川、重庆、湖北、湖南、安徽、浙江、江苏、上海等 8 省市,四次跨越长江,线路全长 1 907 km,动态投资 232.74 亿元。线路额定电流 4 000 A,额定输送功率 640 万 kW,最大连续输送功率 720 万 kW,每年可向上海输送 320 亿 kWh 的清洁电能,最大输送功率约占上海高峰负荷的三分之一,可节省原煤 1 500 万 t,减排二氧化碳超过 3 000 万 t。

该工程标志着国家电网在超远距离、超大规模输电技术上取得全面突破,这也标志着国家电网全面进入特高压交直流电网时代,为推动电力布局从就地平衡向全国乃至更大范围

图 5-2 向家坝—上海 ±800 kV 特高压直流输电示范工程

统筹平衡转变，从根本上解决长期存在的煤电运紧张矛盾奠定了坚实的基础，是转变我国电力发展方式的关键工程。同时也说明我国已经具备了生产和系统集成全套特高压直流关键设备的综合能力，显著提升了我国电工装备制造业的自主创新能力和核心竞争力，为我国电工装备制造业的产业升级和跨越发展创造了条件，是振兴民族装备业的引领工程。该工程的成功建设和投入运行具有一系列重大意义：

首先，国家电网在超远距离、超大规模输电技术上取得全面突破，为加快我国西部地区清洁能源的大规模开发，提高非化石能源比重，形成可持续的能源供应体系，应对气候变化挑战奠定了坚实的基础，是迎接新能源革命的开创工程。

其次，国家电网全面进入特高压交直流电网时代，为推动电力布局从就地平衡向全国乃至更大范围统筹平衡转变，从根本上解决长期存在的煤电运紧张矛盾奠定了坚实的基础，是转变我国电力发展方式的关键工程。

再次，我国已经全面攻克了特高压交直流两大前沿领域的世界性难题、抢占了制高点，在理论研究、工程建设、运行管理、试验能力、标准制定等各方面都走在了国际前列，为我国从电力大国走向电力科技强国奠定了坚实基础，是电力行业服务创新型国家建设的标志工程。

最后，我国已经具备了生产和系统集成全套特高压直流关键设备的综合能力，显著提升了我国电工装备制造业的自主创新能力和核心竞争力，为我国电工装备制造业的产业升级和跨越发展创造了条件，是振兴民族装备业的引领工程。

5.1.3 哈密南—郑州 ±800 kV 特高压直流输电工程（天中线）

哈密南—郑州 ±800 kV 特高压直流输电工程是我国自主设计、制造和建设，世界输送容量最大直流工程，输电能力达 800 万 kW。天中线起点在新疆哈密南部能源基地，落点郑州，途经新疆、甘肃、宁夏、陕西、山西、河南六省（区），线路全长 2 210 km，工程投资 233.9 亿元。

该工程于 2012 年 5 月获得国家发改委核准,2014 年 1 月 27 日建成投运,成为连接西部边疆与中原地区的“电力丝绸之路”,标志着“疆电外送”战略实施迈出了关键一步。该线路首次采用 $6 \times 1\,000\ mm^2$ 大截面导线,首次应用耐磨金具、Y 形绝缘子串、裹体桩基础等新技术、新工艺,自主研制并成功应用了额定电流 5 000 A 的特高压大容量直流设备,设备国产化率达到 80% 以上。

天中线作为国家“十二五”期间实现疆电外送途经宁夏的重要通道,承担着新疆火电、风电打捆外送的重要任务,具有远距离、大容量、低损耗、环保、节约土地资源等优点,有利于促进我国能源基地的开发利用,实现大煤电的集约化开发,提高能源资源的开发和利用效益,缓解中东部地区的缺电局面。该工程是综合开发传统能源与清洁能源,推动能源、经济、环境和谐发展的绿色工程,每年可向华中地区输送电量 500 亿 kWh,相当于运输煤炭 2 300 万 t,减少排放二氧化碳 4 000 万 t、二氧化硫 33 万 t,不仅有效缓解空气污染压力,而且节省了大量的土地资源,带来巨大的环境保护效益。

图 5-3　天中线巡视工作

图 5-4　天中线停电检修工作

5.2　典型特高压交流输电工程介绍

5.2.1　晋东南—南阳—荆门 1 000 kV 特高压交流试验示范工程

晋东南—南阳—荆门 1 000 kV 特高压交流试验示范工程起于山西晋东南(长治)变站，经河南南阳开关站，止于湖北荆门变电站。全线单回路架设，全长 654 km，跨越黄河和汉江。该工程静态投资约 57 亿元，于 2006 年 8 月取得国家发展和改革委员会下达的项目核准批复文件，2009 年 1 月 6 日正式投入运行。

图 5-5　晋东南—南阳—荆门 1 000 kV 特高压交流试验示范工程

该线路是世界上第一条投入商业化运行的 1 000 kV 输电线路，实现华北电网和华中电网的水火调剂、优势互补。当其满负荷运行时，可为湖北省新增北方火电约 300 万 kW，每年可为湖北节约电煤 700 余万 t。这对于电煤外购比重超过 90% 的湖北来说，相当于为湖北“支援”了一个葛洲坝电站。

通过工程实践，我国全面建成了世界一流的特高压试验研究体系，全面掌握了特高压交流输电核心技术，全面建立了特高压交流输电标准体系，全面实现了国内电工装备制造的产业升级，全面验证了特高压交流输电的技术可行性、设备可靠性、系统安全性和环境友好性，全面培养锻炼了技术和管理人才队伍。特高压交流输电在我国已具备大规模应用条件。特高压输电技术和相应的设备制造技术是世界电力科技领域和电工设备制造领域的前沿技术。试验示范工程所用的 1 000 kV 电抗器、1 000 kV 高压交流变压器等关键设备绝大部分由国内重点制造企业研制，证明我国具备了特高压输变电工程自主设计、设备研发和施工建设的能力。

5.2.2 淮南—浙北—上海("皖电东送")1 000 kV 特高压交流工程

"皖电东送"工程是我国首条同塔双回路特高压交流输电工程,西起安徽淮南变电站,经皖南、浙北变电站到达上海沪西变电站。线路全长 656 km,采用同塔双回路钢管塔,全线杆塔共 1 421 基,塔重 25.7 万 t,平均塔重 180 t,平均塔高 110 m。工程全线采用大型钢管塔,代表着我国电网施工建设的最高水平,带动了我国铁塔制造行业和电网施工行业整体技术水平的提升。该工程于 2007 年正式拉开帷幕,2011 年 9 月 27 日获得国家核准,工程静态总投资 185.36 亿元。2012 年 9 月 28 日,"皖电东送"淮南至上海特高压交流输电示范工程长江南岸跨越铁塔封顶,2013 年 9 月 25 日投入正式运行。"皖电东送"工程连接安徽"两淮"煤电基地和华东电网负荷中心,利用淮南丰富的煤炭资源,加强煤电基地建设,变输煤为输电,使淮南成为华东地区的能源基地,远期送电能力将达到 1 000 万 kW,相当于在上海新建 10 座百万千瓦级电厂,可显著提升华东电网接受区外电力的能力和电网安全稳定水平,有利于保障华东地区长期安全可靠供电,有利于缓解长三角地区的土地资源和环境保护压力,推动区域经济社会和谐发展。

图 5-6 "皖电东送"1 000 kV 特高压交流工程长江南岸跨越铁塔封顶

该工程最为关键的部分为跨越长江阶段,为此建设的跨越铁塔高达 277.5 m。该工程跨越长江长度约 3 km,通过立于长江南北岸的两座输电塔直接放线跨越。由于采用的是两条回路都通过同一座输电塔进行跨越,线路自重超过一般线路两倍以上,对跨越铁塔的塔基牢固性、塔身稳定性的要求超过以往,属于世界同类塔中高度最高、施工难度最大的一项工程。

图 5-7　“皖电东送”1 000 kV 特高压交流工程实现长江大跨越。

5.2.3　浙北—福州 1 000 kV 特高压交流工程

浙北-福州 1 000 kV 特高压交流输变电工程于 2013 年 3 月获得核准，2014 年 12 月投运。工程包括四站三线，起于浙江的浙北变电站（扩建），经浙中、浙南变电站，止于福建的福州变电站，变电容量 1 800 万千伏安，全线双回路架设，全长 2 × 603 km。浙北—福州工程是国家电网公司继晋东南—南阳—荆门工程、淮南—浙北—上海工程之后，投资建设的第三个特高压交流工程，是华东特高压交流主网架的重要组成部分，也是对我国特高压电网大规模建设能力的一次全面检验。

福建的水电，多年来一直是浙江的电源之一，但以前两省间只有电压等级较低的 500 kV 电网相连，送电能力有限，线损也大，福建电网丰水期电力外送受限，只好忍痛弃水。而福建、浙江沿海区域存在多个大规模核电群,单个核电群规划装机规模均在600万kW以上,更需要通畅的电力输出通道。浙北—福州工程联接浙江、福建两省主要核电基地,依靠强大的相互支援能力,能够为核电的安全运行和可靠送出创造良好条件,是保障电网安全的根本措施。

浙北—福州工程是华东特高压主网架的重要组成部分,将与已投运的淮南—浙北—上海工程和正在建设的淮南—南京—上海工程一起,为华东远期接受外来电力创造条件。浙北—福州工程建成后,浙中、浙南特高压站分别联系宁东—浙江、溪洛渡—浙西直流落点,对保障特高压直流的安全稳定运行具有重要的支撑作用。福建与浙江联网双回500 kV线路大部分处于同一走廊,山区地形复杂,台风等自然灾害频发。浙北—福州工程建成后,福建和浙江电网形成特高压和500 kV共2通4回线路联系,能有效增强抵御台风、冰灾等自然灾害能力,大幅提升电网安全稳定运行水平。

图5-8 浙北—福州1 000 kV特高压交流工程单双回架设

第6章　特高压输电线路典型故障分析

6.1　特高压直流典型故障案例分析

6.1.1　±800 kV 祁韶线 2018 年 3 月 16 日雷击故障

故障概述:2018 年 3 月 16 日 2 时 24 分, ±800 kV 祁韶线极 I 线路故障,一次全压再启动成功。故障测距:距韶山换流站 66.8 km、64.8 km,计算故障点为#4490 + 31 m、#4493 + 211 m;距祁连换流站 2 295 km、2 320 km,计算故障点为#4493 - 565 m、#4539 - 418m。故障区段天气情况为:雷雨天气,气温为 9 ~ 12 ℃,东北风,风力 4 级,相对湿度为 95%。

±800 kV 祁韶线故障湖南段长度 353.57 km,杆塔 724 基,投运时间是 2017 年 6 月 23 日,设计单位是安徽省电力设计院、浙江省电力设计院、福建省电力勘测设计院及湖南省电力设计院有限公司,施工单位是湖南省送变电工程有限公司及湖南省电网工程有限公司,运维单位是国网湖南输电检修公司,属于国网公司资产。

故障查找:3 月 16 日 9 时 45 分,故障查巡人员赶到现场,分成 7 个故障查巡小组(5 个登塔组、2 个无人机组)共 14 人对#4486 - #4497 共 12 基杆塔进行详细检查,省公司运检部、省电科院、省防灾减灾中心、省输电检修公司相关人员到现场对故障查找进行了督导,18 时 10 分查巡完毕,未发现明显故障痕迹。

3 月 17 日 7 时 00 分,12 个故障查巡小组(10 个登塔组、2 个无人机组)共 24 人到达故障现场,因现场天气持续阴雨,故障查巡工作受阻。查巡小组于 12 时 30 分雨停后开始登塔,对#4481 - #4486、#4492 - #4510 共 25 基杆塔进行了详细检查,18 时 05 分查巡完毕,未发现明显故障痕迹。

3 月 18 日 7 时 00 分,11 个故障查巡小组(10 个登塔组、1 个无人机组)共 22 人到达故障现场,因现场天气持续阴雨,故障查巡工作受阻。查巡人员利用雨停时间陆续对#4481 - #4482、#4484 - #4485、#4492 - #4495、#4499 - #4501、#4503 - #4510 共 19 基杆塔进行详细检查, 18 时 00 分查巡完毕,未发现明显故障痕迹。

3 月 19 日至 20 日,因现场持续阴雨天气,为保证人身安全,未开展故障查巡工作。

3 月 21 日 7 时 00 分,3 个故障查巡小组(2 个登塔组、1 个无人机组)共 6 人到达故障现场,再次对#4487－#4494 进行了详细检查,发现#4493 极 Ⅰ 光缆线夹出口前侧约 30 m 处有放电闪络痕迹。

3 月 22 日 7 时 00 分,3 个故障查巡小组(2 个登塔组、1 个无人机组)共 6 人到达故障现场,对#4493 及前后杆塔绝缘子串、导地线等进行了详细检查,确认了#4493 极 Ⅰ 光缆线夹出口前侧约 30 米处的放电闪络痕迹,并在对应位置正下方 3 号子导线上发现明显放电闪络痕迹,故障电导线与光缆净空距离为 16.011 m。

故障分析:根据雷电定位系统查询结果,#4493 附近发生的雷电流幅值为－3.3 kA 至－65.4 kA,在无其他外界因素影响的前提下,雷电流强度远远小于计算结果,不满足反击要求,排除反击的可能。绕击是指雷电绕过避雷线直接击中导线,使导线点位很快上升,从而造成导线与杆塔之间的绝缘子串发生击穿闪络。本次实际放电通道为导线与地线之间,因此不满足绕击的定义,排除绕击的可能。因此,本次故障既非反击也非绕击。

在雷云背景电场的作用下,导线和光缆产生的上行先导和雷电产生的下行先导同时贯穿,直接将导地线贯通,使导线与地线之间空气间隙发生击穿闪络。

图 6-1　祁韶线#4493 前侧 3 号子导线上的放电闪络痕迹

图 6-2　祁韶线#4493 极 Ⅰ 光缆前侧 30 米处的放电闪络痕迹

治理措施:2018 年停电检修期间在#4489、#4490、#4491、#4492、#4494、#4495 共 6 基杆塔

加装直流线路避雷器。

6.1.2　±800 kV 祁韶线 2019 年 3 月 1 日雷击故障

故障概述:2019 年 3 月 1 日 14 时 56 分, ±800 kV 祁韶线极 I 两次全压再启动成功。故障测距为距韶山换流站 84 千米,计算故障点为#4456;距祁连换流站 2 301 千米,计算故障点为#4503。故障区段天气情况为雷暴雨天气,气温 5 ℃ ~ 9 ℃,东北风 1 ~ 2 级,相对湿度 95% 。

±800 kV 祁韶线故障湖南段长度 353.57 千米,杆塔 724 基,投运时间是 2017 年 6 月 23 日,设计单位是安徽省电力设计院、浙江省电力设计院、福建省电力勘测设计院及湖南省电力设计院有限公司,施工单位是湖南省送变电工程有限公司及湖南省电网工程有限公司,运维单位是国网湖南输电检修公司,属于国网公司资产。

故障查找:3 月 1 日 17 时 50 分,故障查巡人员赶到现场,分成 5 个故障查巡小组共 15 人对#4456、#4458-#4461 共 5 基杆塔进行地面排查,对#4460、#4461 进行登塔检查,暂未发现明显故障痕迹。现场向当地居民了解,当地下午 2 点左右开始持续雷暴雨天气。因现场大雾且天色已晚,故停止故障查巡,查线人员就近住宿。

3 月 2 日 7 时 20 分,故障查巡人员分 6 个登塔组和 1 个无人机组(共 20 人)对#4454-#4462进行登塔检查,除在#4458 发现疑似故障点外,其余杆塔暂未发现异常情况。现场走访了#4456-#4457 附近的居民得知,故障发生时当地附近有较大异常声响。下午开始现场转为中到大雨天气,故障查巡工作进展缓慢,后天色已晚,停止故障查巡工作。

3 月 3 日 7 时 20 分,故障查巡人员分 6 个登塔组和 2 个无人机组(共 22 人)对#4451-#4466进行登塔检查,并对疑似故障点进行了详细检查,发现#4458 极 I 绝缘子高压端均压环上表面有多处放电烧伤痕迹,但对应上方横担下表面、塔身侧面及绝缘子串上均未发现明显闪络痕迹,#4458 前后其他杆塔未发现异常。

3 月 9 日至 10 日,对#4454-#4463 再次进行全面检查,重点检查#4458 横担下表面、塔身侧面及绝缘子串等部位检查有无闪络痕迹,未发现比较明显的放电痕迹。

直到 9 月 2 日在祁韶线停电检修走线检查时,作业人员发现#4460 – #4461 极 I 3 ~ 4 间隔棒 2 号子导线上表面有明显闪络痕迹,9 月 3 日安排无人机组对极 I 光缆进行扫描确认,发现相应位置光缆上表面有明显闪络痕迹,光缆支架上无闪络痕迹。确认本次故障为雷击故障,在雷云背景电场的作用下,导线和光缆产生的上行先导和雷电产生的下行先导同时贯穿,直接将导地线贯通,使导线与地线之间空气间隙发生击穿闪络。

故障分析:祁韶线于 2018 年和 2019 年各发生 1 次雷击跳闸,且均为导线与光缆间隙被击穿直接放电造成跳闸,放电通道距离均超过 15 m,而祁韶线合成绝缘子串长仅为 9.6 m 或 10.6 m,雷击故障放电方式与以往经验不同。目前缺少更多的特高压直流线路雷击故障案例,建议开展进一步分析,更有针对性地增强特高压直流线路防雷水平、提高雷击故障查找效率。

治理措施：继续深入排查与故障区段地形相似的塔位，申报大修技改储备项目，对易发生雷击故障塔位加装直流线路避雷器。

6.1.3 ±800 kV 宾金线 2019 年 2 月 16 日冰害故障

故障概述：2019 年 2 月 16 日 19 时 11 分 31 秒 ±800 kV 宾金线极 I 故障，再启动不成功，极 I 为闭锁状态。故障时运行电压为 800 kV，负荷为 1736 MW。故障测距为距金华换流站 900 km，距宜宾换流站 752 km，经查询对应杆号为#1520-#1521，地理位置为湖南省益阳市安化县。

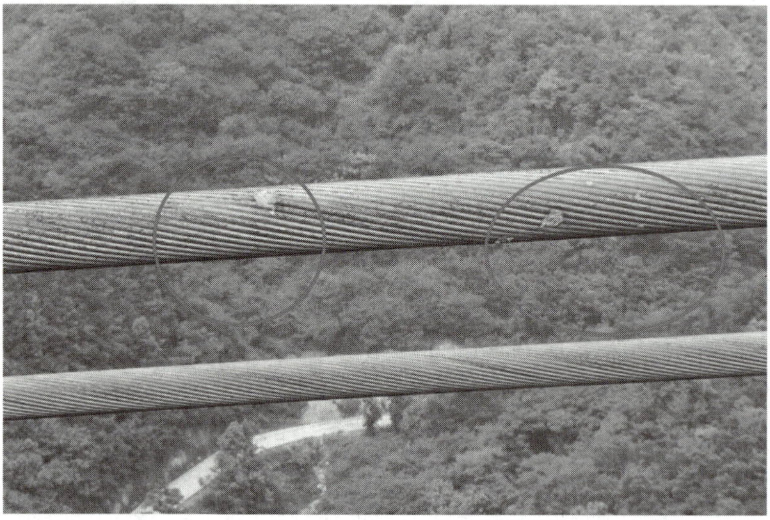

图 6-3　无人机拍摄祁韶线#4460－#4461 导线上闪络痕迹

±800 kV 宾金线起于四川宜宾换流站，止于浙江金华换流站，线路全长 1668.6 km，投运时间是 2014 年 7 月 3 日，属于浙江公司资产，湖南公司负责#0366-#2193 区段的运行维护工作，长 877.38 km。

故障查找：2019 年 2 月 16 日 22 时 11 分故障查找人员到达现场，现场天气为小雨、大雾，温度 −2.5 ℃ ~0 ℃，湿度 99%，北风 3.6 m/s，现场巡视发现导、地线上脱落覆冰厚度为 15 ~20 mm。现场地形以高山为主，海拔高度为 736 m，考虑到现场天气因素，以及铁塔绝缘子覆冰情况，现场分 2 个查线组对#1512-#1517、#1518-#1523 进行故障查找工作。22 时 37 分，故障查找人员在#1512-#1513 档中发现地线掉落至地面，随后湖南公司立即成立故障查找及应急抢修工作组，以公司设备部分管副主任和输电检修公司副总经理为组长，下设故障查线组、现场抢修组、技术支撑组、物资供应组、后勤保障组，按地线掉串或断线故障组织 16 名故障查找和 35 名应急抢修人员连夜赶赴现场。

图 6-4　人工走线检查拍摄祁韶线#4460-#4461 导线上闪络痕迹

图 6-5　祁韶线#4460-#4461 地线上闪络痕迹

图 6-6　宾金线#1513-#1514 地线断点

图 6-7　#1514 地线搭在极Ⅱ跳线上（面向大号）

图 6-8　#1513 极Ⅱ地线线夹向前倾斜预绞丝损坏

图 6-9　#1515 极Ⅰ地线线夹向前侧倾斜

2 月 24 日 9 时，故障区段天气转晴，浓雾散尽，无人机航拍发现#1514 后侧约 255 m 3、4 号子导线有疑似放电痕迹。

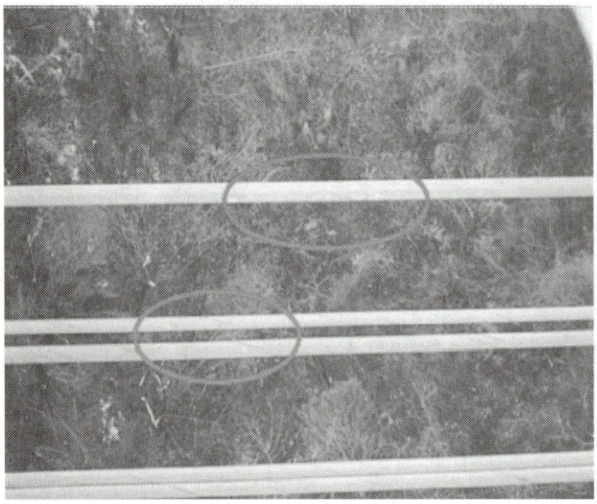

图 6-10　#1514 后侧约 255 米 3、4 号子导线放电痕迹

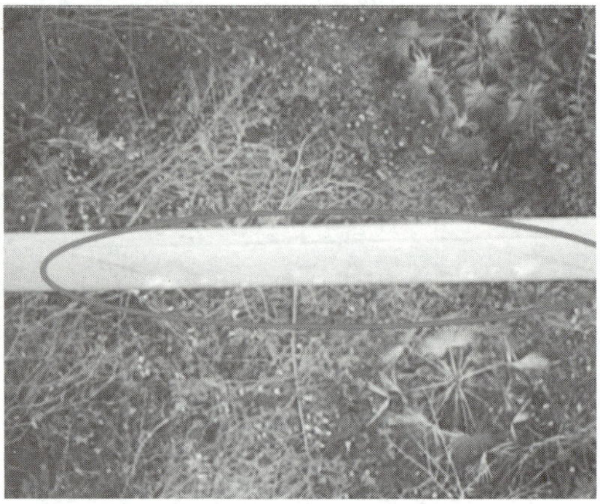

图 6-11　#1514 后侧约 255 米 4 号子导线放电痕迹

2 月 18 日 8 时 42 分，宾金线停电抢修工作开始，15 时 38 分按既定方案完成#1510-#1514耐张段地线拆除和反向拉线设置等抢修工作。2 月 18 日 20 时 12 分，±800 kV 宾金线双极按 70% 电压恢复送电。

故障分析：#1513-#1514 地线断线，断点位于#1514 地线后侧 251 m 处（线长），#1513-#1514 地线掉落至地面，其中#1514 后侧地线搭落在跳线上。#1512-#1513 地线降至地面，经测量，地线在断线后往#1513 后侧滑移 43 m。#1512-#1513 与#1513-#1514 为大小档、高低档，前后档距相差 281 m，#1513、#1514 地线悬挂点高差相差 131 m，线路呈东西走向，历次寒潮均为北面（迎风面）覆冰较重。覆冰过程中，地线不平衡张力逐渐增大，同时出现不同程度扭转，造成地线预绞丝受损变形、断裂，橡皮胶垫受挤压后脱出，地线外层预绞丝缠绕橡皮胶垫部位直径变小，地线线夹握着力失效，导致地线向#1513 前侧滑移。地线滑移后，#1513-#1514 地线弧垂下降至平行或低于导线水平位置，受地线滑移和覆冰扭转影响，地线摆动接近导线造成放电引发极Ⅰ闭锁故障，地线过流造成覆冰脱落引发地线跳跃，因地线放电处单丝抗拉强度急剧下降，受脱冰跳跃载荷冲击影响造成地线放电处断开。

治理措施：针对宾金线微地形、微气候较多现象，增加冰情观测哨及相应观冰器具。建议对与宾金线走向相同、路径相仿的 ±800 kV 雅南—江西特高压直流线路工程开展设计覆冰厚度校核，提高地线设计覆冰及验算标准。

6.1.4　±800 kV 宾金线 2020 年 8 月 18 日雷击故障

故障概述：2020 年 08 月 18 日 14 时 48 分 ±800 kV 宾金线极Ⅰ全压一次再启动成功。故障行波测距：距宜宾换流站 695.02 km（经查询对应杆号为#1402，地理位置：怀化市沅陵县楠木铺乡溶溪村）、距金华换流站 826.95 km（经查询对应杆号为#1671，地理位置：益阳桃江）。分布式测距：距离 1307 号杆塔大号方向 47.40 km，对应杆号为#1397，地理位置：怀化市沅陵县楠木铺乡电垭坪村。

±800 kV 宾金线起于四川宜宾换流站，终于浙江金华换流站，线路全长 1668.6 km，投运时间是 2014 年 7 月 3 日，属于浙江公司资产，湖南公司公司负责#0366-#2193 区段的运行维护工作，长 877.38 km。

故障查找：8 月 19 日 6 时 20 分至 08 月 22 日 17 点 45 分，现场分为 5 个无人机组和 5 个高空组共 20 人对#1390-#1410、#1650-#1690 开展故障查找。除在宾金线#1396、#1398、#1399 极Ⅰ发现疑似雷击点，其他塔位未发现疑似点。8 月 23 日 7 时 00 分，故障查找人员到达现场，重点对#1396、#1398、#1399 疑似闪络点开展检查，发现#1399 极Ⅰ内侧均压环有 1 cm×1 cm 放电痕迹，均压环上方横担下平面角铁上有 1 cm×2 cm 灼伤痕迹，确认#1399 为故障塔位

故障分析：故障区段杆塔均为 V 串合成绝缘子，雷击发生时，电流会沿最短放电通道，而合成绝缘子仅有两端部存在导电体，爬电距离（36 960 mm）远大于均压环距与塔身（8 647 mm）或与横担（7 566 mm）间距离，难以在合成绝缘子表面形成放电通道，且经登塔检查，合成绝缘子表面均未发现烧伤痕迹，因此高压端均压环最高点或内侧最低点可能对横担下表面塔材放电，高压端放电痕迹应出现在均压环最高点或内侧最低点。经过现场检查和无人机照片对比，故障区段杆塔均压环最高点均未发现烧伤痕迹，杆塔内侧均压环靠塔身侧仅在#1399 左横担下平面发现新灼伤痕迹，且在#1399 均压环侧面塔身对应处未发现烧伤痕迹，确定是落雷击中#1399 高压端后导致均压环内侧最低点对侧面塔身塔材放电跳闸。

治理措施：完成 2021 年宾金线 20 基避雷器安装，计划 2022 年在故障区段加装 5 基避雷器，继续深入排查，总结经验，分析线路周边地形地貌，对宾金线易发生雷击故障塔位继续加装直流线路避雷器。

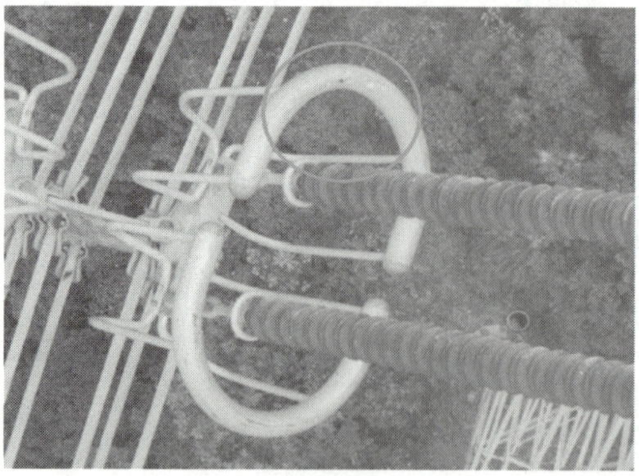

图 6-12　宾金线#1399 均压环水平面烧伤痕迹

图 6-13　宾金线#1399 左横担下平面对应塔材有放电痕迹

图 6-14　宾金线#1399 故障放电通道

6.2　特高压交流典型故障案例分析

6.2.1　1 000 kV 湖安Ⅱ线 2016 年 6 月 20 日雷击故障

故障概述:2016 年 6 月 20 日 9 时 25 分 50 秒,1 000 kV 湖安Ⅱ线 B 相(同塔双回左中相)接地故障,两套分相电流差动保护动作,重合闸动作,重合成功。故障时该线路运行电压为 1 000 kV,负荷为 1 173.7MW。故障测距为:距芜湖站 72.344 km(141#-142#),该区段位于安徽省宣城市广德市誓节镇。

1 000 kV 湖安Ⅱ线西起芜湖变电站,东至安吉变电站,途经安徽、浙江,输电能力 6 000 MW。线路投运时间为 2013 年 9 月 25 日,故障区段设计、施工、运维单位分别是西南电力设计院、河北送变电工程公司、安徽送变电工程公司,该线路属国网浙江公司资产。1 000 kV 湖安Ⅱ线与湖安Ⅰ线为同塔双回路架设,湖安Ⅱ线位于线路左侧,导线上下排列,故障相 B 相为中相。

图 6-15　湖安Ⅱ线 142#塔故障相绝缘子上放电痕迹

故障查找:6 月 20 日 9 时 50 分,接到通知后,运维单位立即安排该区段现场驻点设备人员赶赴现场,进行现场走访;同时安排查线人员四组共 15 人赶往现场。因现场持续暴雨,通往塔位乡村 4 条道路、桥梁均中断、损毁,后续人员无法到位。该区段设备主人反馈故障区段自凌晨开始持续强雷暴天气。经现场走访,附近村民反映故障时段听到 142#杆塔附近一声与雷电声音不同的爆炸声。

21 日,现场暴雨停歇,查线人员徒步十余千米到达故障区域,分四组对 130# – 155#共 26 基开展故障查巡;根据测距信息、雷电定位信息对 137#-146#共 10 基进行登塔查线。14 时许,查线人员在 142#B 相(左中相)绝缘子、导线端均压环上发现有明显放电痕迹。

故障分析：142#根据规程法计算其绕击耐雷水平约为 50.7 kA；根据电气几何模型，中相导线绕击风险区段为 50.7～63 kA。根据 ATP-EMTP 仿真计算，中相导线耐雷水平约为34～35 kA。6 月 20 日 9 时 25 分 50 秒，负极性落雷绕过避雷线击中 1 000 kV 湖安Ⅱ线 142#塔 B 相导线（同塔双回左中相），雷电流幅值在 -56 kA 左右，超过线路绕击耐雷水平，造成线路跳闸。

治理措施：故障相地线保护角为 -10.85°，已采取负保护角设计，且绝缘较高，但雷电幅值超过设计水平，仍会造成线路跳闸。建议对故障杆塔进行防雷评估，在故障区段前后安装线路避雷器。

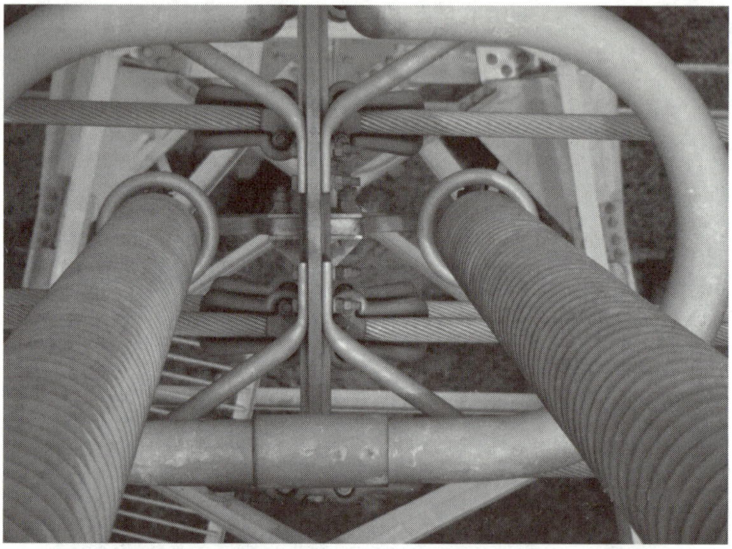

图 6-16　湖安Ⅱ线 142#塔故障相导线端均压环放电痕迹

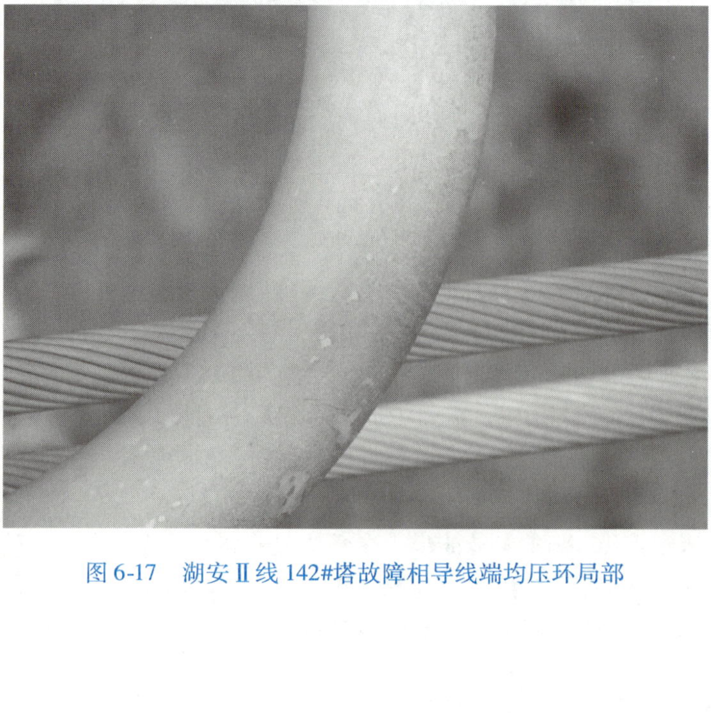

图 6-17　湖安Ⅱ线 142#塔故障相导线端均压环局部

6.2.2　1 000 kV 都榕 I 线 2015 年 4 月 5 日山火跳闸

故障概述:2015 年 4 月 5 日 13:42,1 000 kV 都榕 I 线 AB 相跳闸。1 000 kV 榕城变 931、803 两套保护均正确动作,测距:88.3 km(931)、91.37 km(803)。1 000 kV 都榕 I 、II 线采用两个单回路架设(I 线在左侧,II 线在右侧),都榕 I 线福建段境内全长 171.288 km,杆塔 359 基,投运时间是 2014 年 11 月 26 日。山火段始于#395 杆塔,止于#397 杆塔,长度为 1.686 km。故障点为#396 小号侧 3 - 4 间隔棒之间,其中#395 塔呼称高 72 m,#396 塔呼称高 78 m,距离榕城变侧为 92.995 km,导线距下方松树林弧垂最低为 35 m。

故障查找:4 月 5 日 11:42 保杆护线员汇报 1 000 kV 都榕 II 线#392 线路附近(地点位于宁德市周宁县岩山镇东升村)发生火烧山。11:50 分运维人员到达现场,立刻向调度预警"1 000 kV都榕 II 线#392 杆下方走廊发现火烧山,距离线路 200 米,地点在周宁岩山镇东升村"。因火势迅速发展,现场浓烟增大,12:27 运维人员向调度申请都榕 II 线转热备用,同时

图 6-18　山火现场直升机航拍图

汇报该火点已发展到都榕Ⅰ线#397附近。由于走火点距离都榕Ⅰ线#397还有约250 m距离，且处于下风侧，因此现场人员没有向调度提出退重合闸的申请，继续蹲守监视火情，13:41发现风向突变，火球从都榕Ⅱ线#391飞到另一山包上的都榕Ⅰ线#397塔下时，立即向调度申请都榕Ⅰ线转热备用时，调度反馈线路已跳闸。

故障分析：根据现场了解到的情况，原因为该地区近期干燥无雨，一名71岁的郑姓老人在距离都榕Ⅱ线#392约500 m的坟墓祭祀烧纸钱时，大风吹起火星引燃附近茅草，火焰蔓延引发大面积山火，山火产生的浓烟导致线路跳闸。

该区段不是Ⅰ、Ⅱ级防山火区段，现场运维人员虽到场监控火情，在12:28对都榕Ⅱ线提出转热备用申请的同时，向调度提出都榕Ⅰ线#397号附件有火情的预警；但考虑两条特高压线路已停一条，担心两条特高压线路同时停可能影响电网安全，不敢果断地申请将都榕Ⅰ线转为热备用。后由于大风将都榕Ⅱ线#391-#392火场的火球从空中吹落到都榕Ⅰ线#397号下时，火情迅速发展并危及都榕Ⅰ线安全，现场人员立即向调度提出申请时要将线路退出运行时，都榕Ⅰ线发生跳闸。这暴露了现场人员对申请将特高压线路转热备用底气不足和对特大山火发展情况估计不足的问题。

治理措施：跟踪政府部门对本次失火导致发生森林大火的责任人审判情况，将此案例作为下一步保杆护线的宣传案例，广为宣传，以具体实例警示沿线群众从思想根源上加强森林防火意识。增加特高压线路视频监控设备，提升防山火预警工作效率。

6.2.3　1 000 kV 都榕Ⅰ线2018年3月4日风偏跳闸

故障概述：2018年3月4日18时33分特高压莲都站1 000 kV都榕Ⅰ线B相开关跳闸，重合成功。莲都站故障测距显示，故障点距离莲都站47.9 km，故障点处于浙江丽水运维区段。故障时段，丽水境内出现短时强对流天气，局部地区有强风并有雷雨。

1 000 kV都榕Ⅰ线起于1 000 kV浙江莲都站，止于1 000 kV福建榕城站。线路总长275.3 km，其中浙江公司管辖负责运维1#－237#杆塔，绝大部分与都榕Ⅱ线平行单回路架设，运维长度103.3 km，2014年12月投产。

故障查找：巡视查明，该线路111#杆塔B相绝缘子挂点外4 m处导线发现白斑等放电痕迹，杆塔对应B相导线的杆塔尖端处发现明显电弧灼烧痕迹。

故障分析：都榕Ⅱ线113#安装有微气象监测装置，与故障杆塔属于同一区域且相邻。根据其监测情况，18时15分左右该区域风力急速加大，其中故障时段该区域风力曾达到43.4 m/s，大大超过线路设计风速。经验算，都榕Ⅰ线故障杆塔在监测风速下B相导线悬垂串的风偏角56°，对应的悬垂串风偏间隙如图6-19所示，导线间隙圆均切进塔身，导线与铁塔的间距不满足电气安全距离要求，将导致导线对塔身风偏闪络。

治理措施：更换复合绝缘子为盘型瓷质（主要考虑瓷质绝缘子质量大、爬距大）绝缘子，且更换前工厂复合化，以增加绝缘子串质量，减小风摆。考虑对风速已记录超高的区域（如丽水、绍兴、杭州等部分地区）新建线路按照 40 m/s 进行风偏校验，同时考虑对风区图进行滚动修订。

图 6-19　B 相导线放电痕迹照片

图 6-20　铁塔放电痕迹照片

6.2.4　1 000 kV 长南 I 线 2012 年 3 月 1 日冰闪跳闸

故障概述：2012 年 3 月 1 日 9 时 47 分，1 000 kV 长南 I 线跳闸，选相 B 相，重合成功，短路电流 14.9 kA。故障测距结果显示，故障点在长南 I 线#665～#666 号塔附近。1 000 kV 长南 I 线全长 358.432 km，铁塔 719 基，其中河南境内线路长度为 238.497 km，铁塔 490 基（#

230～#719)。线路穿越太行山、伏牛山,河南段高山大岭占35.7%、丘陵占32.7%、一般山地占15.7%、平地占10.4%、泥沼占5.5%。

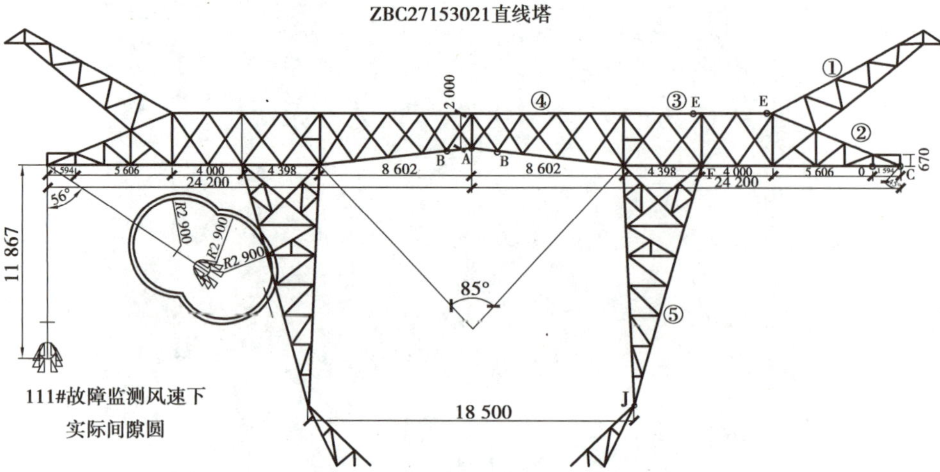

图6-21　风速校验情况

故障查找:经巡查,在#667中相绝缘子左肢大号侧串横担端第一片绝缘子钢帽、瓷裙处发现闪络痕迹,如图6-22所示。发现#667塔中相左肢绝缘子瓷裙及导线侧均压环有闪络痕迹,如图6-23、图6-24所示。闪络绝缘子串在#667杆塔上的整体位置示意如图6-25所示。

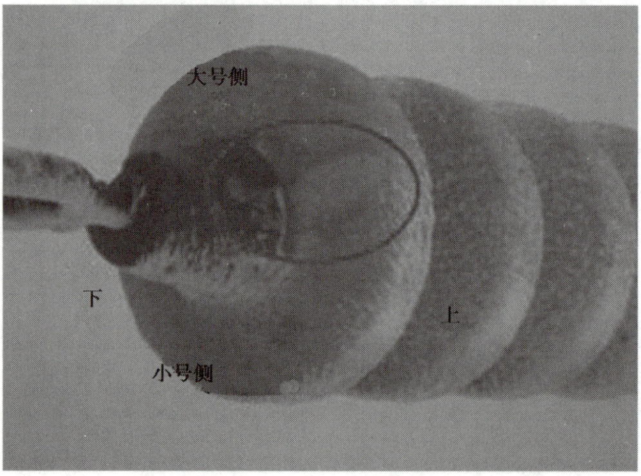

图6-22　#667中相左肢大号侧绝缘子串横担端绝缘子

故障分析:在低温下出现降雪时,绝缘子表面出现覆冰雪现象。且因环境温度接近零度,雪的黏性较大。在风的作用下,雪粒易粘附于绝缘子表面,这与#667塔现场记录的情况一致。

此外,当风吹过绝缘子下表面时,夹杂着降雪的风在绝缘子下表面棱槽中形成湍流后,也容易附着在绝缘子下表面,使得绝缘子下表面的覆雪情况较重,上下表面覆冰雪情况较为均匀。因温度仅为0 ℃左右,因此,绝缘子表面粘附冰雪的状态并不稳定,存在冻结、融化、继续覆雪、冻结的变化过程,即覆雪绝缘子串具备了伞裙边缘冰凌生长的必要条件,因此在局部位置会出现少量的冰桥现象。

图 6-23 #667 中相左肢小号侧绝缘子串闪络痕迹

图 6-24 #667 中相左肢绝缘子导线侧均压环闪络痕迹

图 6-25 闪络绝缘子串在#667 杆塔上的位置示意

在覆冰雪未融化时，以上的覆冰雪条件并未造成对外绝缘强度的影响。但在大气环境温度整体回暖、空气中的湿度也较大时，上述绝缘子覆雪状态对外绝缘强度则可能产生显著影响。当大气温度整体回升,降雪条件转化为低温湿雾条件时,绝缘子上下表面覆着的冰雪在大气环境及湿雾的共同作用下会逐渐融化,绝缘子表面污秽物出现整体受潮、湿润的过程,外绝缘强度将下降;同时雪凇表面局部冰凌生长甚至“桥接”,进一步推动了泄漏电流的增加,最终引发闪络故障。

同时运维单位对现场污秽度进行了测试,排除了污闪的可能。从附近#652 塔的模拟串测试结果(1 年积污)来看,即使考虑了带电/不带电积污差异,#652 塔的等值盐密也仅为 0.10 mg/cm^2(带电/不带电积污系数按通常的 1.5 倍考虑时)。根据中国电力科学研究院近年完成的相关试验分析,在现有的绝缘配置下,即使当现场等值盐密达到 0.12 mg/cm^2 时也不应发生绝缘子污闪。与#652 塔相比,由于#667 塔的运行环境明显优于#652 塔,因此#667 塔上绝缘子串的等值盐密应小于#652 塔,该绝缘子串不具备发生污闪的条件。

综上所述,本次故障属于污秽绝缘子表面覆冰雪后,因泄漏电流的增加与环境温度的不断变化,导致雪凇及其表面冰凌的形成,在冰雪融化和低温大湿度条件下发生的沿面闪络故障。这是我国北方输电线路绝缘子串覆冰雪闪络的典型特征。

治理措施:对全线开展易覆冰的微气象区排查,遴选处于与本次故障点相似的线路微气象区,对区域内瓷绝缘子串采取加装增爬裙并喷涂 RTV 涂料的防冰闪措施。在#667 及#666 塔安装图像监控装置,以便随时掌握该地段的运行环境情况,及时采取应对措施。

参考文献

[1] 刘振亚. 特高压交流电气设备[M]. 北京:中国电力出版社,2014.
[2] 刘振亚. 特高压直流电气设备[M]. 北京:中国电力出版社,2016.
[3] 刘振亚. 特高压交直流电网[M]. 北京:中国电力出版社,2013.
[4] 袁清云. 特高压直流输电技术现状及在我国的应用前景[J]. 电网技术, 2005, 29(14):4-6.
[5] 刘振亚. 特高压直流输电技术研究成果专辑[M]. 北京:中国电力出版社,2006.
[6] 刘振亚. 特高压交流输电技术研究成果专辑[M]. 北京:中国电力出版社,2006.
[7] 张国宝. 特高压:从零起步到世界领先[J]. 中国经济周刊, 2021(12).
[8] 张思豪. 中国特高压的发展状况及前景[J]. 安徽科技, 2021(08).
[9] 杨力. 特高压输电技术[M]. 北京:中国水利水电出版社,2011.
[10] 胡毅,等. 超/特高压交直流输电线路[M]. 北京:中国电力出版社,2016.